钩针编织超可爱提花花样

日本 E&G 创意 / 编著

蒋幼幼 / 译

中国纺织出版社有限公司

目 录 Contents

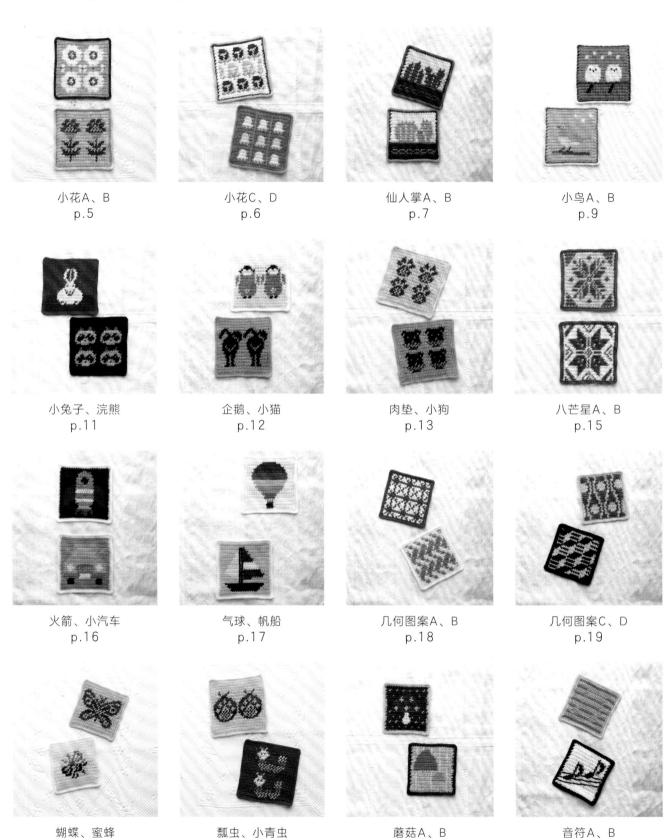

小花手提包

制作方法：p.41 设计＆制作：远藤裕美

小花与条纹的组合简单又实用，
作为日用小物再合适不过了。

1／小花A

制作方法：p.43
尺寸：12cm×12cm

2／小花B

制作方法：p.43
尺寸：12cm×12cm

1,2　设计&制作：远藤裕美

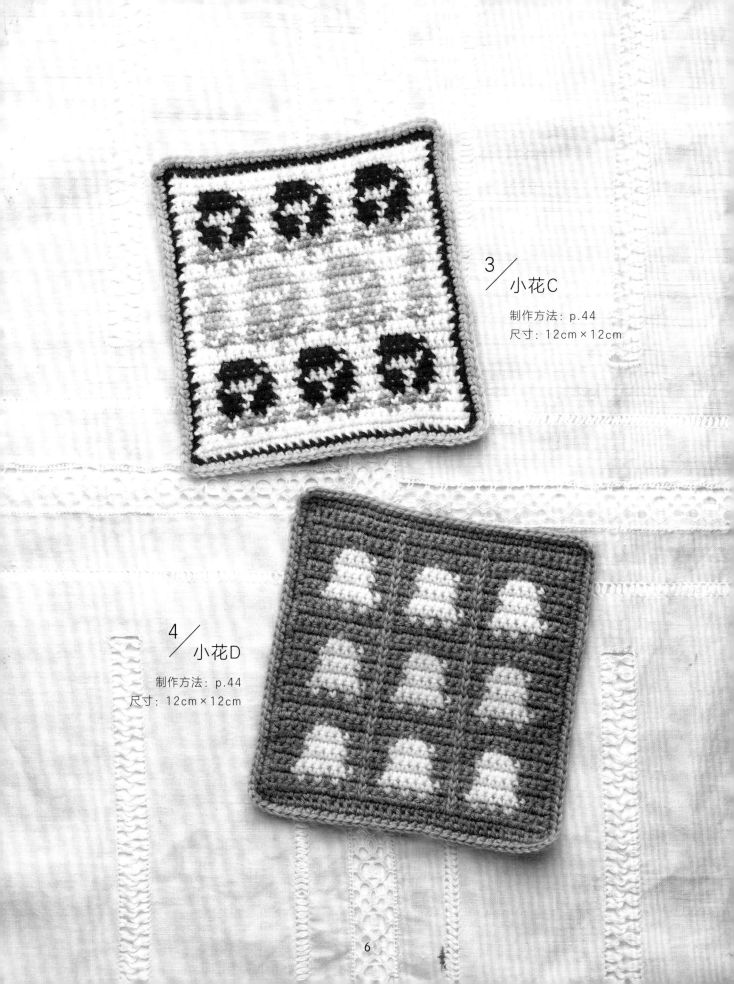

3／小花C

制作方法：p.44
尺寸：12cm×12cm

4／小花D

制作方法：p.44
尺寸：12cm×12cm

5／
仙人掌A
制作方法：p.45
尺寸：10cm×10cm

6／
仙人掌B
制作方法：p.45
尺寸：10cm×10cm

3～6　设计&制作：远藤裕美

小鸟收纳袋

制作方法：p.46　设计&制作：远藤裕美

小小收纳袋放在包内十分方便。
雪白的小鸟可爱极了。

7／小鸟A

制作方法：p.47

尺寸：12cm×12cm

8／小鸟B

制作方法：p.47

尺寸：12cm×12cm

7,8　设计&制作：远藤裕美

小兔子壁挂收纳袋

制作方法：p.48 设计&制作：沟端裕美

房间里有这样的壁挂收纳袋真是太方便了。
也可以按个人喜好决定花样的数量，
编织至方便使用的长度。

9／小兔子

制作方法：p.50
尺寸：12cm×12cm

10／浣熊

制作方法：p.50
尺寸：12cm×12cm

9,10　设计&制作：沟畑弘美

11／企鹅

制作方法：p.51

尺寸：12cm×12cm

12／小猫

制作方法：p.51

尺寸：12cm×12cm

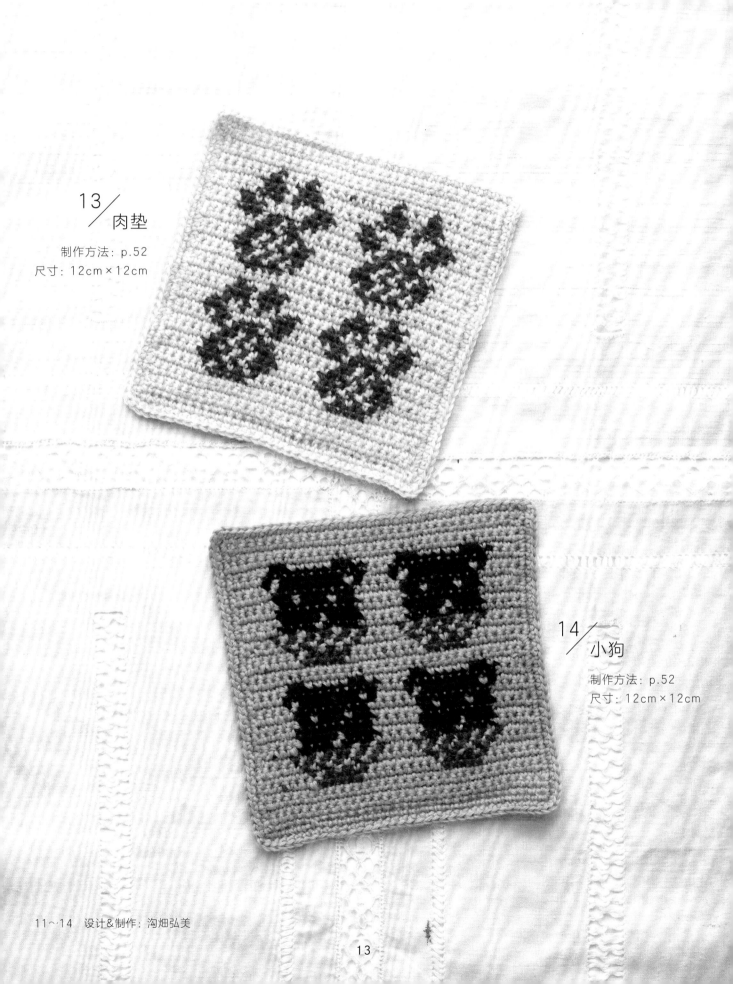

13／肉垫

制作方法: p.52

尺寸: 12cm×12cm

14／小狗

制作方法: p.52

尺寸: 12cm×12cm

11～14　设计&制作:沟畑弘美

八芒星束口袋

制作方法：p.53　设计＆制作：池上舞

这款束口袋是按花样15，
一圈圈环形钩织而成。
提花花样如果换一种配色，
给人的印象就会截然不同。
不妨用自己喜欢的颜色试着编织吧。

14

15/
八芒星A

制作方法：p.55
尺寸：12cm×12cm

16/
八芒星B

制作方法：p.55
尺寸：12cm×12cm

15,16　设计&制作：池上舞

17／火箭

制作方法：p.56
尺寸：12cm×12cm

18／小汽车

制作方法：p.56
尺寸：12cm×12cm

19／气球

制作方法：p.57
尺寸：12cm×12cm

20／帆船

制作方法：p.57
尺寸：12cm×12cm

17～20 设计&制作：松本薫

21／几何图案A

制作方法：p.58

尺寸：10cm×10cm

22／几何图案B

制作方法：p.58

尺寸：10cm×10cm

23／几何图案C

制作方法：p.59
尺寸：10cm×10cm

24／几何图案D

制作方法：p.59
尺寸：10cm×10cm

21～24　设计&制作：松本薫

25／蝴蝶

制作方法：p.60
尺寸：10cm×10cm

26／蜜蜂

制作方法：p.60
尺寸：10cm×10cm

27 / 瓢虫

制作方法: p.61
尺寸: 12cm×12cm

28 / 小青虫

制作方法: p.61
尺寸: 12cm×12cm

25～28　设计&制作: 沟畑弘美

29/
蘑菇A

制作方法：p.62
尺寸：10cm×10cm

30/
蘑菇B

制作方法：p.62
尺寸：10cm×10cm

31／
音符A

制作方法：p.63
尺寸：10cm×10cm

32／
音符B

制作方法：p.63
尺寸：10cm×10cm

29～32　设计&制作：河合真弓

33／猕猴桃

制作方法：p.64
尺寸：12cm×12cm

34／樱桃

制作方法：p.64
尺寸：12cm×12cm

35 / 橙子

制作方法: p.65

尺寸: 12cm×12cm

36 / 葡萄

制作方法: p.65

尺寸: 12cm×12cm

33～36　设计&制作: 池上舞

茶杯图案茶壶垫

制作方法：p.66 设计&制作：冈真理子

这款边缘十分漂亮的茶壶垫使用了茶杯图案。
第27页的茶壶花样也可以用作杯垫。

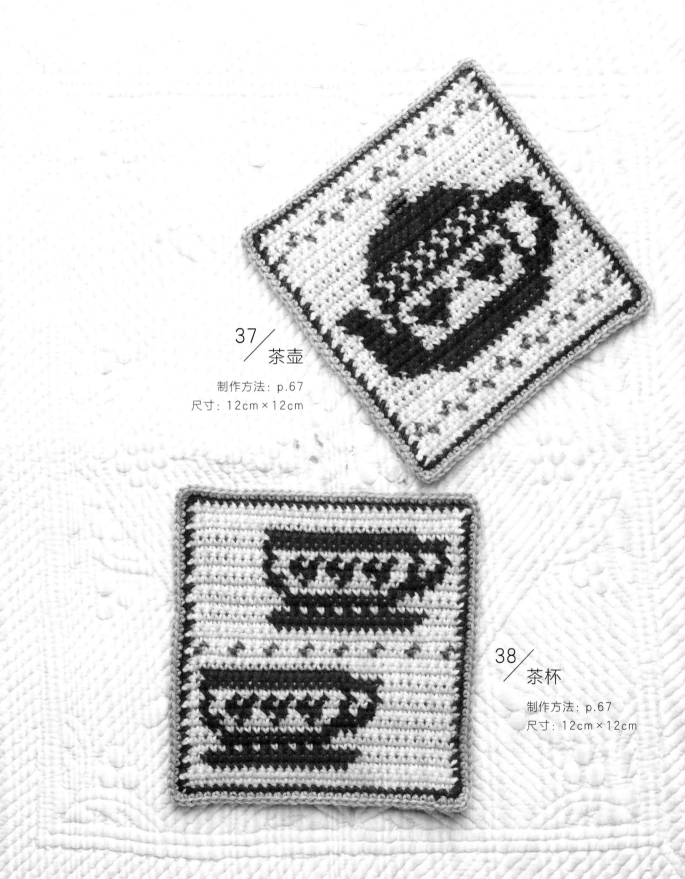

37／茶壶

制作方法：p.67

尺寸：12cm×12cm

38／茶杯

制作方法：p.67

尺寸：12cm×12cm

37,38　设计&制作：冈真理子

39 / 花砖图案A

制作方法：p.68

尺寸：12cm×12cm

40 / 花砖图案B

制作方法：p.68

尺寸：12cm×12cm

41/
格纹
制作方法: p.69
尺寸: 12cm×12cm

42/
菱形图案
制作方法: p.69
尺寸: 12cm×12cm

39～42　设计&制作: 冈真理子

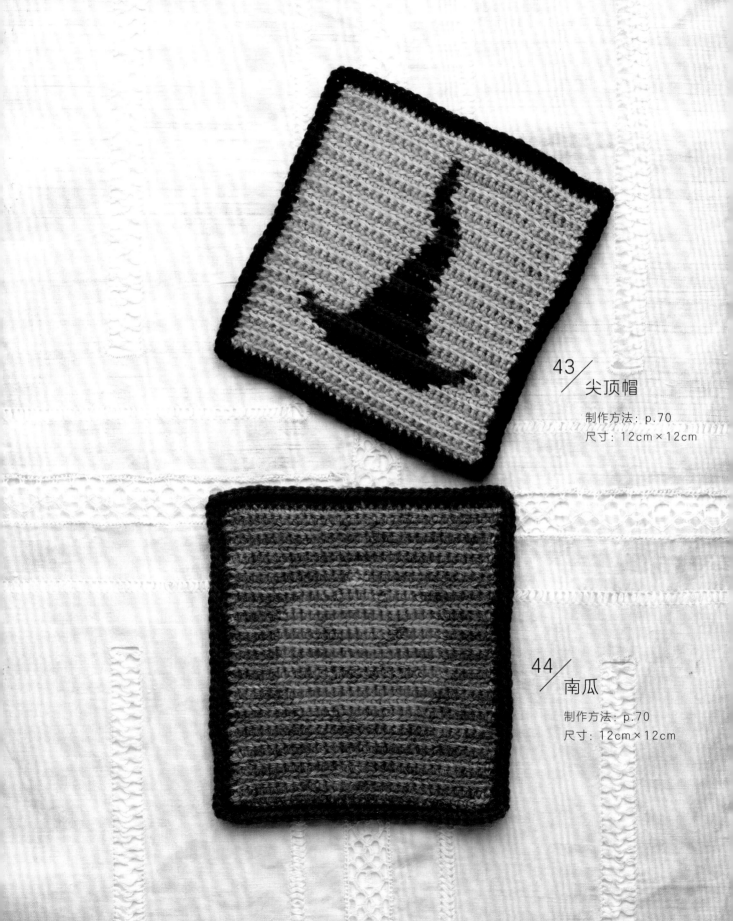

43／尖顶帽

制作方法：p.70
尺寸：12cm×12cm

44／南瓜

制作方法：p.70
尺寸：12cm×12cm

45／
幽灵

制作方法：p.71
尺寸：10cm×10cm

46／
扫帚

制作方法：p.71
尺寸：10cm×10cm

43～46　设计&制作：池上舞

47/铃铛

制作方法: p.72

尺寸: 10cm×10cm

48/雪人

制作方法: p.72

尺寸: 10cm×10cm

49/花环

制作方法：p.73
尺寸：10cm×10cm

50/蜡烛

制作方法：p.73
尺寸：10cm×10cm

47～50　设计&制作：冈真理子

芭蕾舞者迷你手提包

制作方法：p.74　设计&制作：河合真弓

用2根线合股编织花样**51**，
再加上提手，便完成了这款迷你手提包。
裙子上的小花是刺绣，非常雅致。

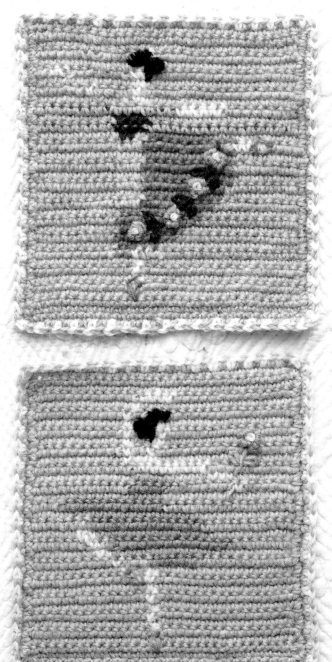

51／
芭蕾舞者A

制作方法：p.75
尺寸：12cm × 12cm

52／
芭蕾舞者B

制作方法：p.75
尺寸：12cm × 12cm

51,52　设计&制作：河合真弓

基础教程

符号图的看法

为了便于理解，本书花样主体的短针符号用方格代替，1个方格表示1针短针。按方格数量钩织锁针起针，先钩1针立起的锁针，然后朝箭头所示方向（→）开始钩织。交替看着织物的正面、反面，按方格的配色继续钩织。

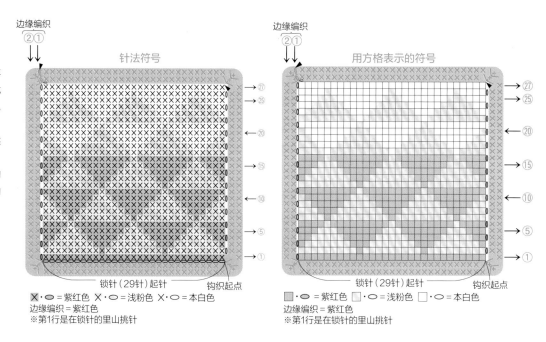

针法符号

用方格表示的符号

边缘编织
②①

边缘编织
②①

→ ㉗
→ ㉕
→ ⑳
→ ⑮
← ⑩
→ ⑤
→ ①

锁针（29针）起针　　钩织起点

Ⅹ・○ = 紫红色　Ⅹ・○ = 浅粉色　Ⅹ・○ = 本白色
边缘编织 = 紫红色
※第1行是在锁针的里山挑针

■・○ = 紫红色　□・○ = 浅粉色　□・○ = 本白色
边缘编织 = 紫红色
※第1行是在锁针的里山挑针

[提花花样的钩织方法]
（1行2色的情况）

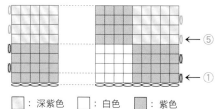

← ⑤
← ①

□ : 深紫色　□ : 白色　■ : 紫色

1 用紫色线起针后，钩1针立起的锁针，在里山插入钩针，将白色线（下次的编织线）挂在针上，再在针头挂上紫色线。

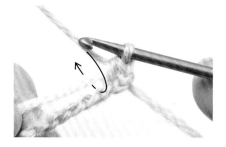

2 包住白色线钩1针短针。

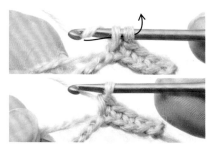

3 继续包住白色线，用紫色线钩3针短针，再钩1针未完成的短针（参照p.77），在针头挂上白色线（上图）。将针头的挂线拉出。编织线就换成了白色线（下图）。

4 包住紫色线（参照步骤**2**），用白色线钩3针短针，接着钩1针未完成的短针，在针头挂上紫色线（上图）。将针头的紫色线拉出。编织线就换成了紫色线（下图）。

5 将白色线和紫色线交叉一下，在针头挂上紫色线，钩1针立起的锁针（第2次）。

6 翻面，如箭头所示插入钩针（左图），包住白色线继续钩织第2行（右图）。

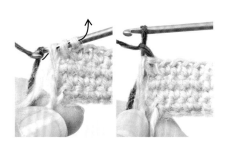

7 行末钩织未完成的短针，将下一行的编织线挂在针头引拔（左图），再钩1针立起的锁针（右图）。编织线就换成了深紫色线。

8 翻面，参照步骤**6**包住紫色线钩织。这是第5行完成后的状态。

[**第1行的钩织起点是配色线的情况**]

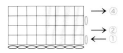

□：底色线（红色）
□：配色线（白色）

1 用底色线钩织锁针起针，换成配色线钩织第1行的1针立起的锁针。

2 在起针锁针的里山插入钩针，连同底色线一起挑针，包住底色线，用配色线钩1针短针。

[**提花花样的钩织方法**（1行3色的情况）]

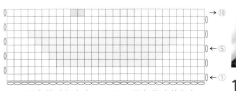

□：配色线（红色）　□：配色线（黄色）
□：底色线（水蓝色）

1 用水蓝色线钩1针短针，接着钩1针未完成的短针（参照p.77），在针头挂上红色线（上图）。将针头的挂线拉出，编织线就换成了红色线（下图）。

2 包住水蓝色和黄色2根线，用红色线钩织短针。

3 1针短针完成。

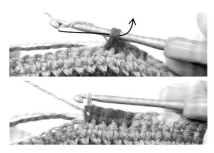

4 接着用红色线钩3针短针和1针未完成的短针，在针头挂上水蓝色线（上图）。将针头的挂线拉出，编织线就换成了水蓝色线（下图）。

5 包住红色和黄色2根线，用水蓝色线钩织短针。

6 1行3色钩织完成后的状态。

1 钩织至转角的前一针。

2 在转角的针脚里钩3针短针。

3 将锁针的针脚分开，在●位置钩入短针。

4 钩织几针后的状态。

5 重复步骤2～4，1行边缘钩织完成。

〔 线头处理 〕

1 在织物的反面，将线头穿入针脚约2cm，松松地拉出线头。

2 剪掉露出的线头。

〔 熨烫方法 〕

1 将成品尺寸画在纸上，再将纸放在熨烫台上。为了防止弄脏，再在上面放一张描图纸。

2 将花片反面朝上放在步骤1的纸上。对齐描好的成品尺寸，密密地插上珠针，注意珠针要向外侧倾斜以方便熨烫。将熨斗悬空喷上蒸汽，等待冷却后取下珠针。

〔 引拔针锁链的钩织方法 〕

1 在刺绣起点的针脚里插入钩针，针头挂线，拉出线圈。

2 在下一个针脚里插入钩针，挂线拉出。

3 将线拉出后，再从针头的线圈里引拔。

4 重复步骤 **2 ~ 3**，完成 5 针后的状态。

〔 全针的卷针缝 〕

1 将织物正面朝上对齐，在针脚上面的 2 根线里挑针，将线拉出。

2 边上要在同一个针脚里再挑一次针。缝合终点也一样，在同一个针脚里挑 2 次针。

3 从第 2 针开始，在 2 个织片里各挑 1 针缝合。

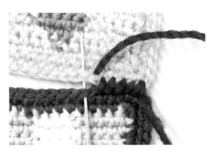

4 缝合几针后的状态。（图中为了便于理解，缝合得比较松。）

〔 半针的卷针缝 〕

在外侧半针里插入缝针，按"全针的卷针缝"相同要领进行缝合。

重点教程

1 按照图解，口袋部分以及往返钩织的 8 行完成后的状态。

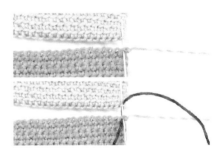

2 再钩织 2 个相同的织片。将往返钩织的最后一行与口袋的第 1 行做卷针缝合。

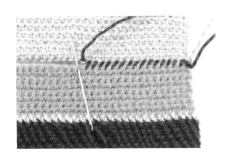

3 缝合一半的状态。

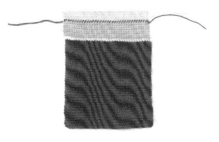

4 全部卷针缝合后，第 1 个口袋就与第 2 个口袋连接在了一起（反面）。

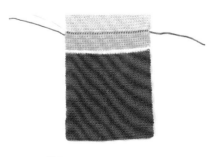

5 正面效果。

【钻石毛线株式会社】
1　Diagold（中细）
羊毛100%，50g/团，约200m，36色，
钩针3/0号~4/0号

【和麻纳卡株式会社】
2　Amerry F（粗）
羊毛70%（新西兰美利奴羊毛）、腈纶30%，30g/团，
约130m，26色，钩针4/0号

本书使用线材介绍

●图片为实物粗细

1~5自左向右表示为：
材质→规格→线长→颜色数→适用针号。
颜色数为截至2021年11月的数据。
因为印刷的关系，可能存在些许色差。
为方便读者查找，本书中所有线材型号保留英文。

3　和麻纳卡纯毛中细
羊毛100%，40g/团，约160m，33色，
钩针3/0号

4　Alpaca Mohair Fine
马海毛35%、腈纶35%、羊驼绒20%、羊毛10%，
25g/团，约110m，21色，钩针4/0号

【横田株式会社·DARUMA】
5　iroiro
羊毛100%，20g/团，约70m，50色，
钩针4/0~5/0号

制作方法

小花手提包

图片 p.4

【准备材料】
1：和麻纳卡　Amerry F（粗）/ 燕麦色（521）…50g，白色（501）、棕色（519）…各30g，明黄色（503）、孔雀绿（515）…各5g

【针】
钩针4/0号

【成品尺寸】
宽26cm
深29cm

【钩织方法】
1　钩织侧面。钩33针锁针起针，在锁针的里山挑针，按小花A的提花花样和短针的条纹花样钩织花片。
2　在花片的四周钩织短针。
3　如图所示排列花片，花片之间做半针的卷针缝接合，再在侧边钩织短针。
4　将2片侧面正面相对，在两侧和底部钩织引拔针接合。
5　在包口环形钩织短针。
6　提手钩100针锁针起针，与花片一样挑针后钩织短针的条纹花样。最后将提手缝在侧面的内侧。

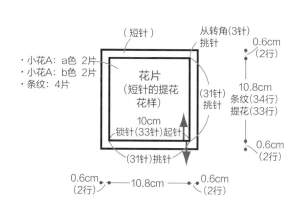

・小花A：a色　2片
・小花A：b色　2片
・条纹：4片

（短针）
从转角（3针）挑针
0.6cm（2行）
花片（短针的提花花样）
10cm
锁针（33针）起针
（31针）挑针
10.8cm
条纹（34行）
提花（33行）
0.6cm（2行）
（31针）挑针
0.6cm（2行）　10.8cm　0.6cm（2行）

□ 白色
□ 燕麦色
■ 提花a 明黄色，提花b 孔雀绿

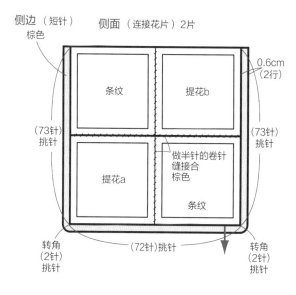

侧边（短针）棕色
侧面（连接花片）2片
0.6cm（2行）
条纹　提花b
（73针）挑针　（73针）挑针
提花a
做半针的卷针缝接合 棕色
条纹
转角（2针）挑针　（72针）挑针　转角（2针）挑针

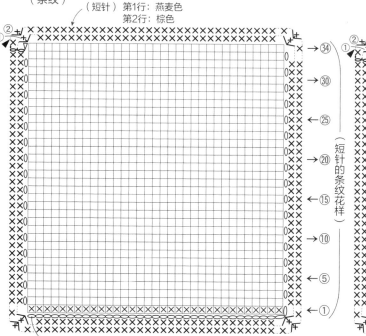

（条纹）
（短针）第1行：燕麦色
第2行：棕色
钩织起点 锁针（33针）起针
（短针的条纹花样）

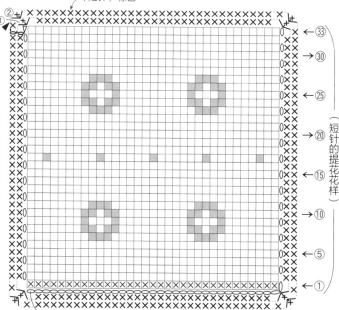

（小花A）※小花A与花样1相同
（短针）棕色
钩织起点 锁针（33针）起针
（短针的提花花样）

41

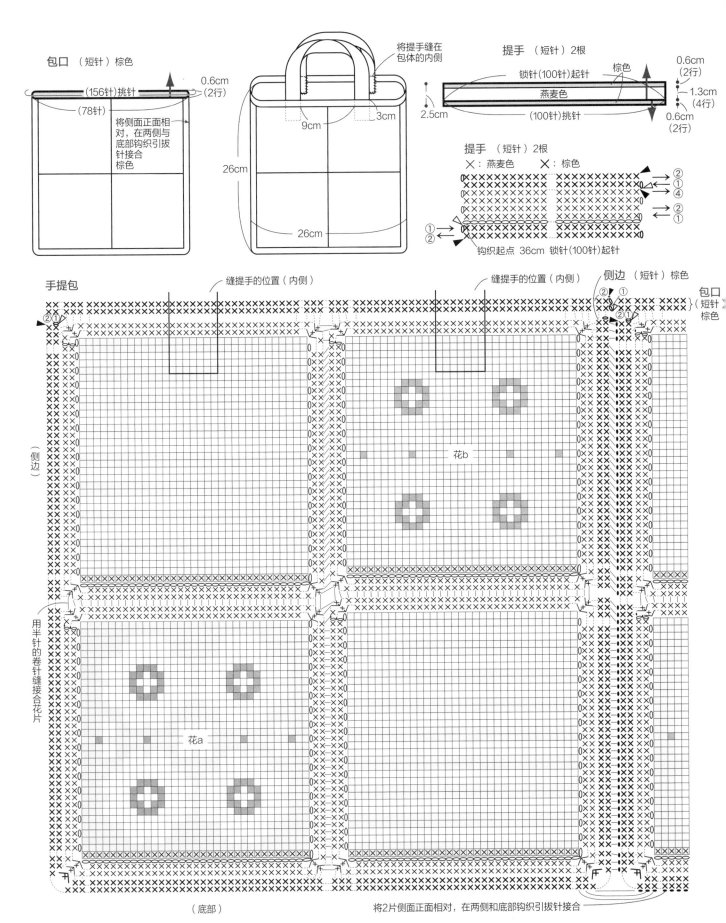

包口 （短针）棕色

(156针) 挑针
0.6cm
(2行)

(78针)

将侧面正面相对，在两侧与底部钩织引拔针接合 棕色

26cm

9cm

3cm

26cm

将提手缝在包体的内侧

提手 （短针）2根

锁针(100针)起针

棕色

燕麦色

0.6cm (2行)
1.3cm (4行)
0.6cm (2行)

2.5cm

(100针)挑针

提手 （短针）2根

×：燕麦色   ×：棕色

②
①
④
②
①

①
②

钩织起点 36cm 锁针(100针)起针

手提包

缝提手的位置（内侧）

缝提手的位置（内侧）

侧边 （短针）棕色

包口 （短针）棕色

（侧边）

花b

用半针的卷针缝接合花片

花a

（底部）

将2片侧面正面相对，在两侧和底部钩织引拔针接合

1／小花A

图片／p.5

【准备材料】
和麻纳卡 Amerry F（粗）／燕麦色（521）
…8g，白色（501）…5g，朱砂橘（507）…
2g，棕色（519）…1g
【针】
钩针4/0号
【成品尺寸】
12cm×12cm

□ 白色
□ 燕麦色
▨ 朱砂橘

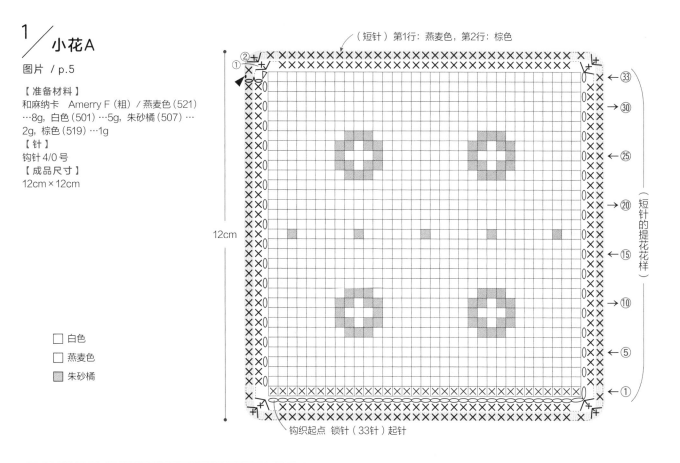

（短针）第1行：燕麦色，第2行：棕色

12cm

短针的提花花样

钩织起点 锁针（33针）起针

2／小花B

图片／p.5

【准备材料】
和麻纳卡 Amerry F（粗）／桃粉色（504）
…3g，森绿色（518）、灰玫
红色（525）…各2g，薄荷绿（517）…1g
【针】
钩针4/0号
【成品尺寸】
12cm×12cm

□ 桃粉色
□ 薄荷绿
▨ 森绿色
▨ 灰玫红色

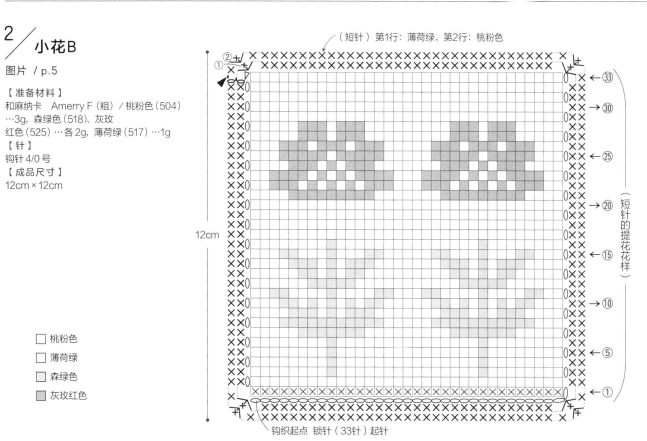

（短针）第1行：薄荷绿，第2行：桃粉色

12cm

短针的提花花样

钩织起点 锁针（33针）起针

3／小花C

图片 / p.6

【准备材料】
和麻纳卡　Amerry F（粗）／白色（501）…
3g，深红色（508）…2g，明黄色（503）、
薄荷绿（517）…各1g

【针】
钩针4/0号

【成品尺寸】
12cm×12cm

□ 白色
▨ 明黄色
□ 薄荷绿
▨ 深红色

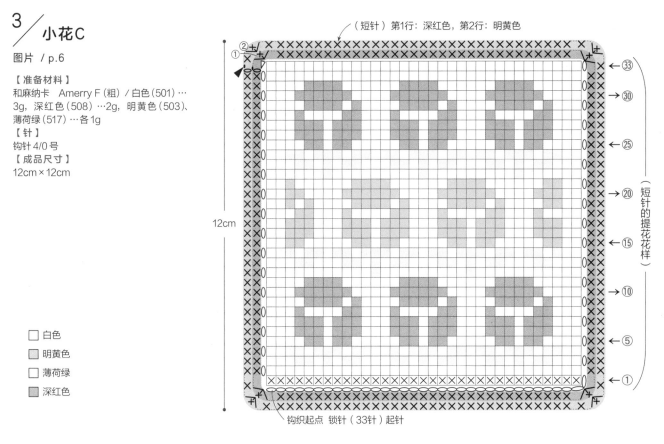

（短针）第1行：深红色，第2行：明黄色

12cm

（短针的提花花样）

←㉝
→㉚
←㉕
→⑳
←⑮
→⑩
←⑤
←①

钩织起点 锁针（33针）起针

4／小花D

图片 / p.6

【准备材料】
和麻纳卡　Amerry F（粗）／孔雀绿（515）
…3g，白色（501）…2g，乳黄色（502）、浅
蓝色（512）、鹦鹉绿（516）…各1g

【针】
钩针4/0号

【成品尺寸】
12cm×12cm

▨ 孔雀绿
□ 白色
□ 乳黄色
▨ 鹦鹉绿
◉ 浅蓝色

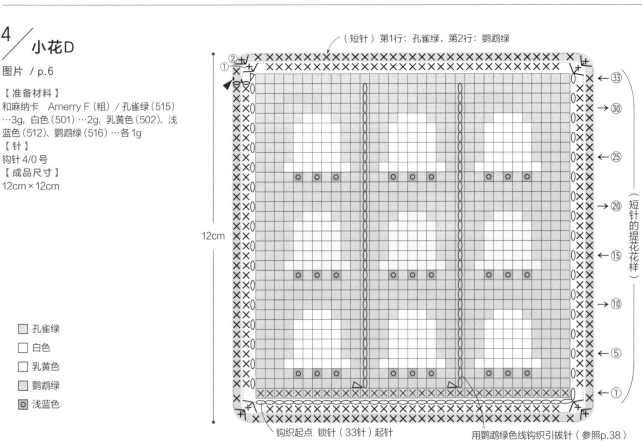

（短针）第1行：孔雀绿，第2行：鹦鹉绿

12cm

（短针的提花花样）

←㉝
→㉚
←㉕
→⑳
←⑮
→⑩
←⑤
←①

钩织起点 锁针（33针）起针

用鹦鹉绿色线钩织引拔针（参照p.38）

44

5 / 仙人掌A

图片 / p.7

【准备材料】
和麻纳卡 Amerry F（粗）/ 棕色（519）、
桃粉色（504）、朱砂橘（507）、森绿色（518）
…各2g
【针】
钩针4/0号
【成品尺寸】
10cm×10cm

- □ 桃粉色
- □ 棕色
- □ 森绿色
- ■ 朱砂橘

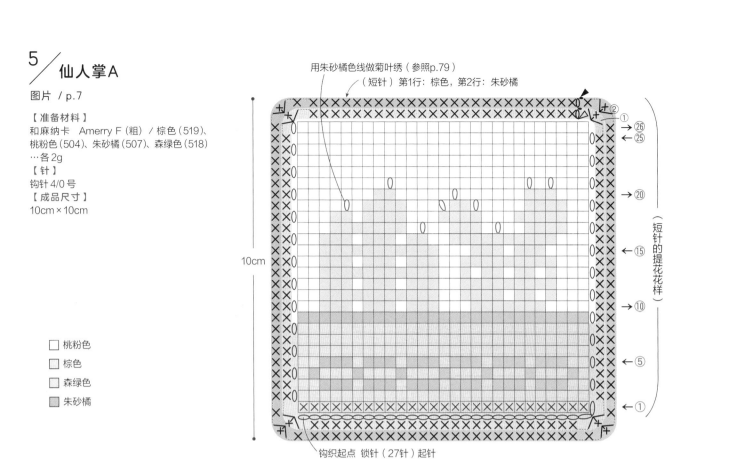

用朱砂橘色色线做菊叶绣（参照p.79）
（短针）第1行：棕色，第2行：朱砂橘

10cm

（短针的提花花样）

钩织起点 锁针（27针）起针

---

6 / 仙人掌B

图片 / p.7

【准备材料】
和麻纳卡 Amerry F（粗）/ 棕色（519）、
乳黄色（502）、粉红色（505）、薄荷绿（517）
…各2g
【针】
钩针4/0号
【成品尺寸】
10cm×10cm

- □ 乳黄色
- □ 棕色
- □ 薄荷绿
- ■ 粉红色

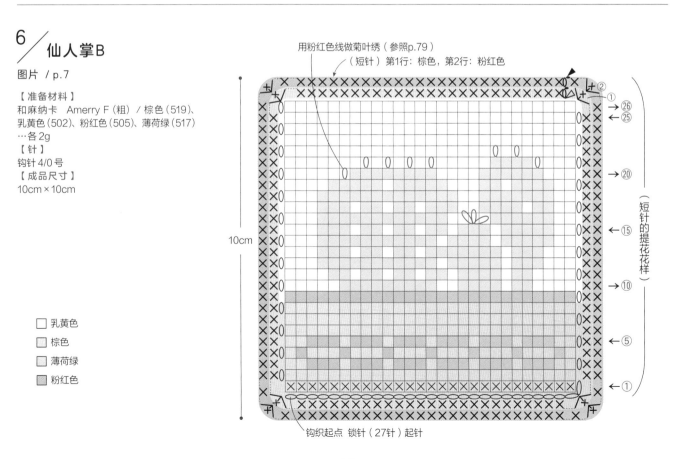

用粉红色线做菊叶绣（参照p.79）
（短针）第1行：棕色，第2行：粉红色

10cm

（短针的提花花样）

钩织起点 锁针（27针）起针

小鸟收纳袋

图片 / p.8

【准备材料】
和麻纳卡 纯毛中细／水蓝色（39）…15g，本白色
（2）…10g，黑色（30）…1g
和麻纳卡 Alpaca Mohair Fine／白色（1）…10g

【针】
钩针4/0号
【成品尺寸】
宽12cm
深13cm

【钩织方法】
1 钩织侧面。钩33针锁针起针，在锁针的里山挑针，前、后侧分别按短针的提花花样钩织小鸟和水滴图案。
2 将2片侧面正面朝外对齐，看着前侧织片，依次挑取半针做引拔接合。
3 参照图示编织花样环形钩织袋口。
4 细绳先钩90针的罗纹绳，紧接着钩织小圆球。从穿绳位置穿入后连接成环形。

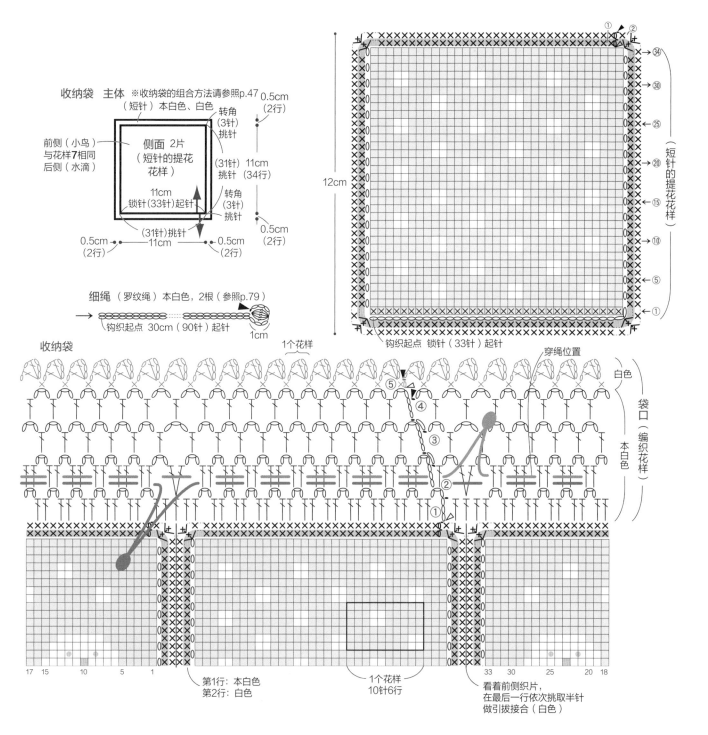

收纳袋　主体　※收纳袋的组合方法请参照p.47
（短针）本白色、白色
前侧（小鸟）与花样7相同
后侧（水滴）
侧面 2片（短针的提花花样）

转角（3针）挑针
0.5cm（2行）
11cm（34行）
（31针）挑针
转角（3针）挑针
0.5cm（2行）
11cm 锁针（33针）起针
（31针）挑针
0.5cm（2行）
11cm
0.5cm（2行）

12cm

钩织起点 锁针（33针）起针

细绳（罗纹绳）本白色，2根（参照p.79）
钩织起点 30cm（90针）起针
1cm

（短针的提花花样）
34
30
25
20
15
10
5
1

收纳袋

1个花样

穿绳位置

白色
袋口（编织花样）
本白色

17 15　10　5　1

第1行：本白色
第2行：白色

1个花样
10针6行

33　30　25　20 18

看着前侧织片，在最后一行依次挑取半针做引拔接合（白色）

46

7／小鸟A

图片／p.9

【准备材料】
和麻纳卡　纯毛中细／浅粉色（41）…5g，黑色
（30）…2g，茶色（46）…1g
和麻纳卡　Alpaca Mohair Fine／白色（1）…3g
【针】
钩针4/0号
【成品尺寸】
12cm×12cm

收纳袋的组合方法

穿入细绳后，
将钩织起点缝在
小圆球的根部，
连接成环形

正面朝外对齐，
在两侧和底部
依次挑取半针
做引拔接合（白色）

13cm

12cm

配色表

	花样	收纳袋
□	浅粉色	水蓝色
□	白色	
▨	黑色	
□	茶色	本白色

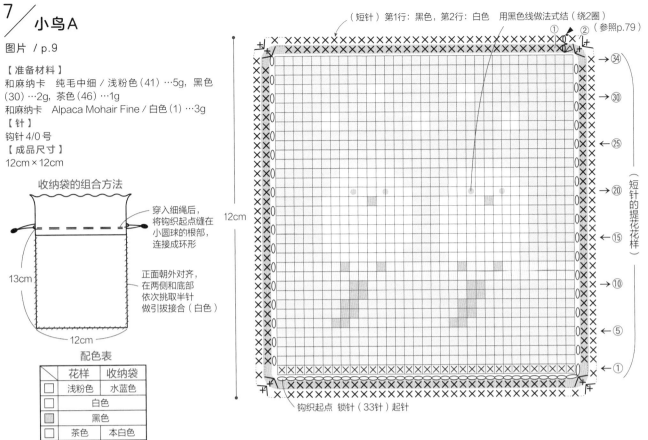

（短针）第1行：黑色，第2行：白色　用黑色线做法式结（绕2圈）
① ② （参照p.79）

（短针的提花花样）

12cm

钩织起点　锁针（33针）起针

8／小鸟B

图片／p.9

【准备材料】
和麻纳卡　纯毛中细／浅桃红色（31）…6g，
茶色（46）、黄绿色（22）…各2g，本白色
（2）…1g
和麻纳卡　Alpaca Mohair Fine／白色（1）
…1g
【针】
钩针4/0号
【成品尺寸】
12cm×12cm

□	浅桃红色
□	茶色
▨	黄绿色
□	本白色
⊙	白色

＊ ＝用茶色线做法式结（绕2圈）

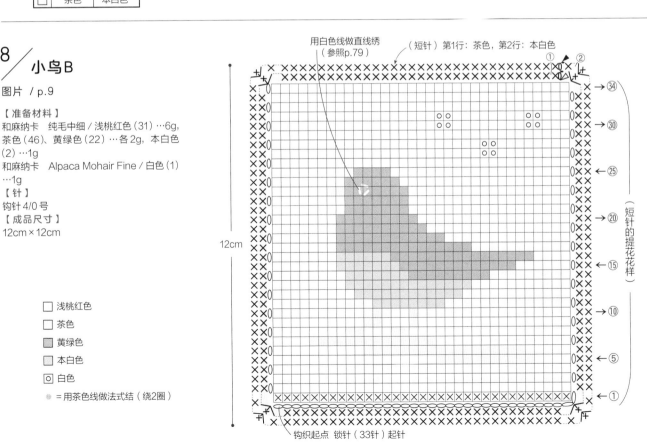

用白色线做直线绣
（参照p.79）

（短针）第1行：茶色，第2行：本白色
① ②

（短针的提花花样）

12cm

钩织起点　锁针（33针）起针

小兔子壁挂收纳袋

图片 / p.10

【准备材料】
DARUMA iroiro / 橄榄绿（25）、红色（37）、深灰色（48）…各20g，米白色（1）、酒红色（45）、嫩绿色（27）…各15g
外径1.5cm（内径0.9cm）的空心木棍…15cm；风筝线45cm

【针】
钩针4/0号
【成品尺寸】
宽14cm
长52cm

【钩织方法】
1 钩织口袋。钩37针锁针起针，在锁针的半针里挑针钩织短针，接着在剩下的半针里挑针进行环形钩织。（留出锁针的里山不要挑针）
2 从第2圈开始，参照图示钩织短针的条纹针的提花花样。
3 接着从后侧挑针，贴边部分钩织短针。
4 用相同方法钩织口袋B、C。
5 将口袋的贴边与另一个口袋起针的里山做卷针缝接合。
6 在主体的边缘环形钩织短针。
7 钩织用来穿木棍的挂带。钩25针锁针起针，在锁针的里山挑针钩织短针。将挂带缝在主体的指定位置。
8 将木棍穿入挂带，在木棍里穿2圈风筝线后打结，再将线结藏在木棍里。

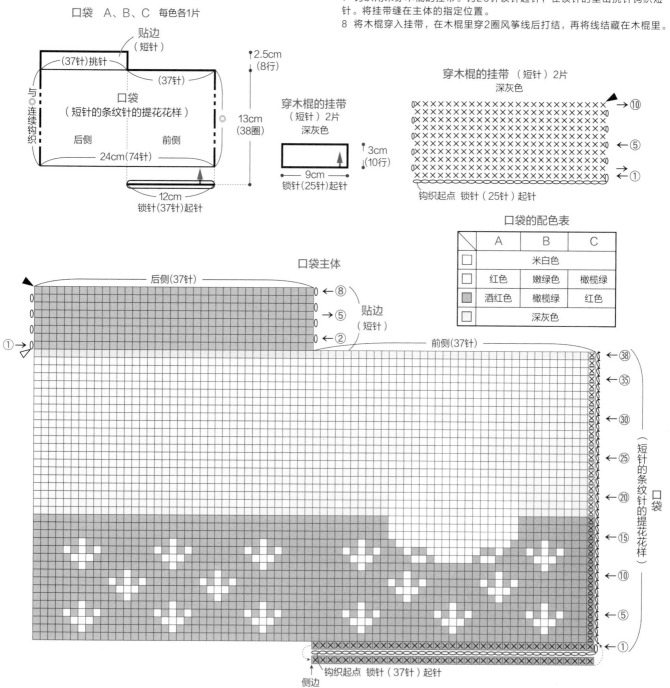

口袋 A、B、C 每色各1片

口袋的配色表

	A	B	C
□		米白色	
□	红色	嫩绿色	橄榄绿
■	酒红色	橄榄绿	红色
□		深灰色	

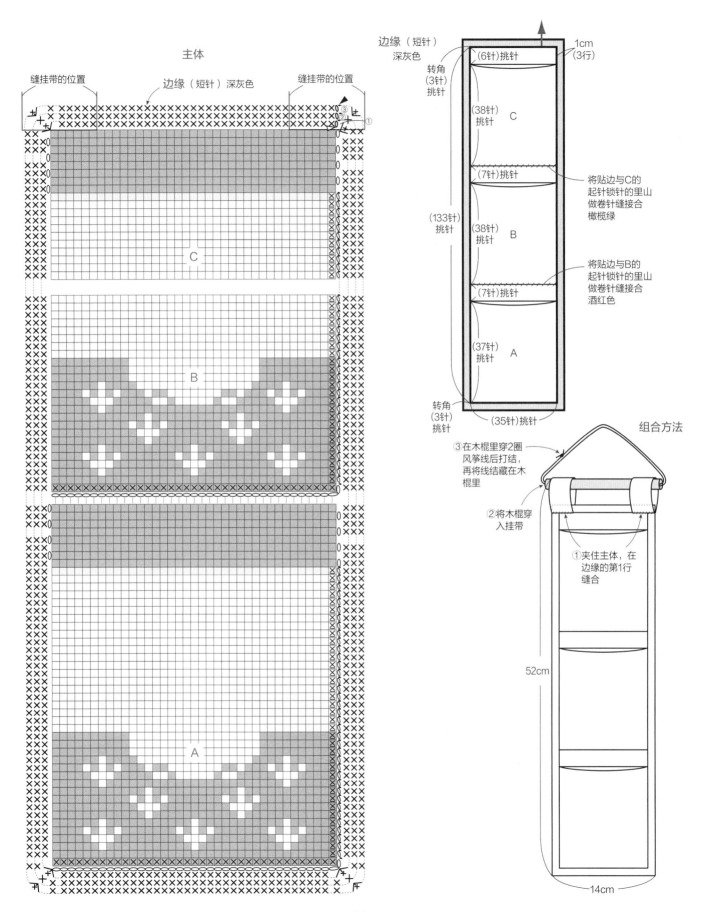

主体

缝挂带的位置　边缘（短针）深灰色　缝挂带的位置

C

B

A

边缘（短针）
深灰色

（6针）挑针　1cm
（3行）

转角
（3针）
挑针

（38针）
挑针　C

（7针）挑针

将贴边与C的
起针锁针的里山
做卷针缝接合
橄榄绿

（133针）
挑针

（38针）
挑针　B

（7针）挑针

将贴边与B的
起针锁针的里山
做卷针缝接合
酒红色

（37针）
挑针　A

转角
（3针）
挑针

（35针）挑针

组合方法

③在木棍里穿2圈
风筝线后打结，
再将线结藏在木
棍里

②将木棍穿
入挂带

①夹住主体，在
边缘的第1行
缝合

52cm

14cm

9／小兔子

图片／p.11

【准备材料】
DARUMA iroiro／红色（37）…8g，米白色（1）、酒红色（45）…各2g
【针】
钩针4/0号
【成品尺寸】
12cm×12cm

□ 米白色
■ 红色
■ 酒红色

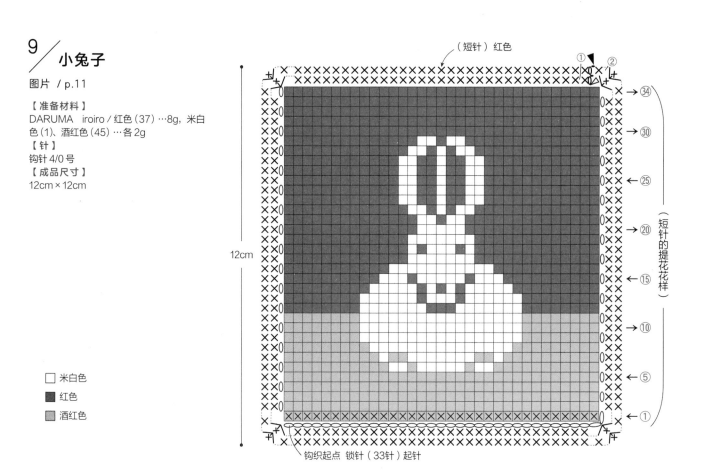

（短针）红色

① ②

→ ㉞

→ ㉚

← ㉕

（短针的提花花样）

→ ⑳

→ ⑮

→ ⑩

← ⑤

← ①

12cm

钩织起点 锁针（33针）起针

10／浣熊

图片／p.11

【准备材料】
DARUMA iroiro／黑色（47）…9g，沙米色（9）…3g，砖红色（8）…1g
【针】
钩针4/0号
【成品尺寸】
12cm×12cm

□ 黑色
■ 沙米色
■ 砖红色

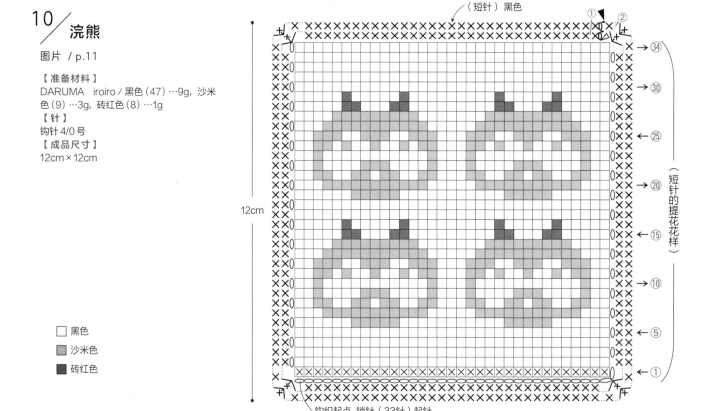

（短针）黑色

① ②

→ ㉞

→ ㉚

← ㉕

（短针的提花花样）

→ ⑳

→ ⑮

→ ⑩

← ⑤

← ①

12cm

钩织起点 锁针（33针）起针

11／企鹅

图片 / p.12

【准备材料】
DARUMA iroiro／淡黄绿色（28）…5g，
米白色（1）…4g，深灰色（48）…3g，黑色
（47）…2g
【针】
钩针 4/0 号
【成品尺寸】
12cm×12cm

- □ 米白色
- □ 淡黄绿色
- □ 深灰色
- ■ 黑色

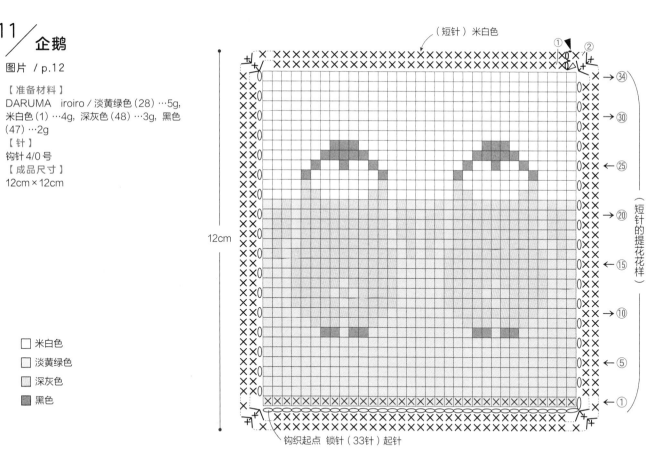

12cm

（短针）米白色

① ②

→ ㉞

→ ㉚

← ㉕

← ⑳

← ⑮

← ⑩

← ⑤

← ①

（短针的提花花样）

钩织起点 锁针（33针）起针

12／小猫

图片 / p.12

【准备材料】
DARUMA iroiro／牛仔蓝（18）…8g，黑
色（47）…4g
【针】
钩针 4/0 号
【成品尺寸】
12cm×12cm

- □ 牛仔蓝
- ■ 黑色

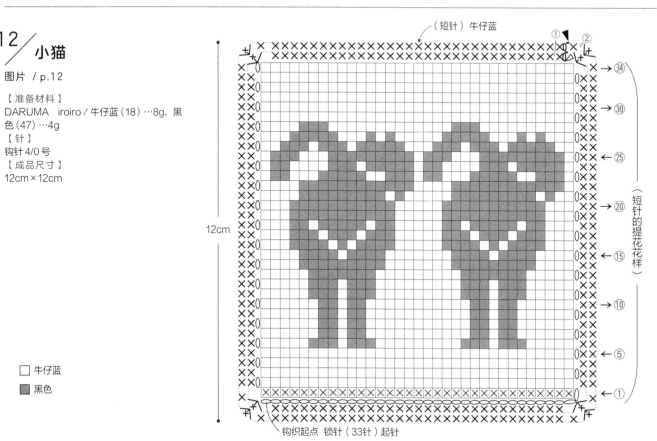

12cm

（短针）牛仔蓝

① ②

→ ㉞

→ ㉚

← ㉕

← ⑳

← ⑮

← ⑩

← ⑤

← ①

（短针的提花花样）

钩织起点 锁针（33针）起针

13／肉垫

图片 / p.13

【准备材料】
DARUMA iroiro／浅灰色（50）…9g，海蓝色（14）…3g

【针】
钩针 4/0 号

【成品尺寸】
12cm×12cm

□ 浅灰色
■ 海蓝色

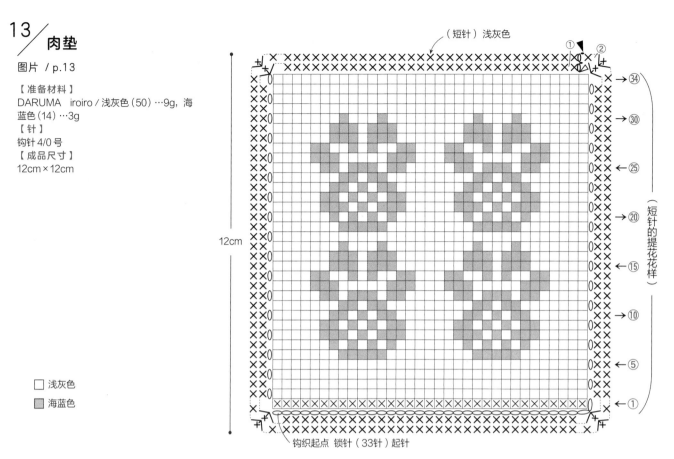

（短针）浅灰色

12cm

① ②

→ ③④
→ ③⑩
← ②⑤
→ ②⑩
← ①⑤
← ⑩
← ⑤
← ①

（短针的提花花样）

钩织起点 锁针（33针）起针

14／小狗

图片 / p.13

【准备材料】
DARUMA iroiro／嫩绿色（27）…9g，黑色（47）…3g，橄榄绿（25）…1g

【针】
钩针 4/0 号

【成品尺寸】
12cm×12cm

□ 嫩绿色
■ 橄榄绿
■ 黑色

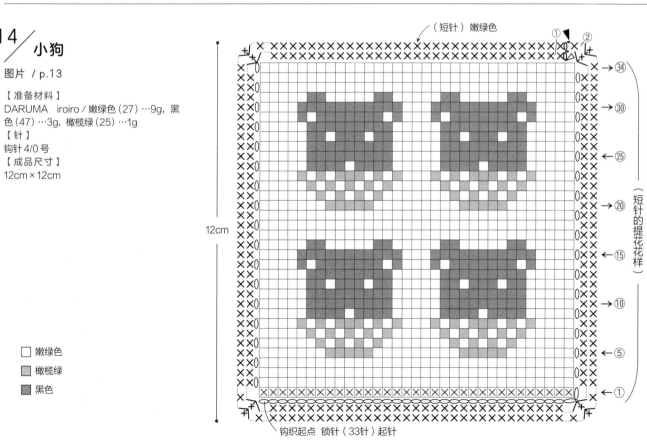

（短针）嫩绿色

12cm

① ②

→ ③④
→ ③⑩
← ②⑤
→ ②⑩
← ①⑤
← ⑩
← ⑤
← ①

（短针的提花花样）

钩织起点 锁针（33针）起针

八芒星束口袋

【准备材料】
DARUMA iroiro／蜜黄色（3）…45g，苏打蓝（22）…10g，淡黄绿色（28）…5g，橘粉色（39）…少量

【针】
钩针4/0号

【成品尺寸】
宽21cm
深22cm

【钩织方法】
1 从底部开始钩织。钩63针锁针起针，在锁针的半针和里山挑针钩织短针的提花花样。接着从剩下的半针里挑针进行环形钩织。
2 从第2圈开始参照图示，环形钩织短针的条纹针的提花花样。第50圈一边钩织一边留出穿绳孔。在指定位置刺绣。
3 钩织提手。钩94针锁针起针，与底部一样挑针钩织短针和引拔针，然后缝在侧面的内侧。
4 细绳钩190针锁针起针，在锁针的里山挑针钩织引拔针，然后穿入穿绳孔。

组合方法

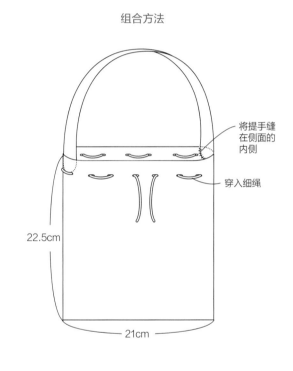

将提手缝在侧面的内侧

穿入细绳

22.5cm

21cm

主体

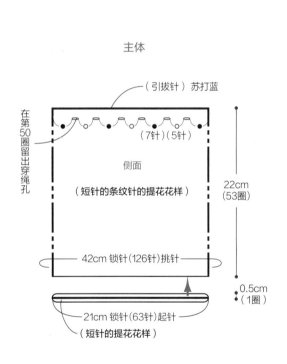

（引拔针）苏打蓝

（7针）（5针）

在第50圈留出穿绳孔

侧面

（短针的条纹针的提花花样）

22cm
（53圈）

42cm 锁针（126针）挑针

0.5cm
（1圈）

21cm 锁针（63针）起针

（短针的提花花样）

提手 （短针、引拔针） 1根 蜜黄色

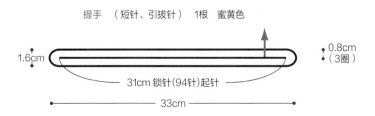

1.6cm

0.8cm
（3圈）

31cm 锁针（94针）起针

33cm

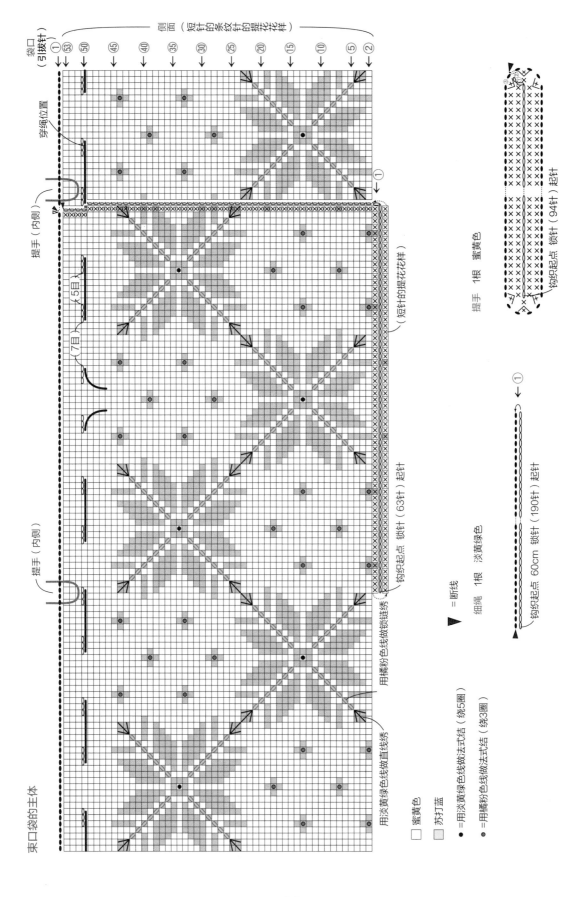

15／八芒星A

图片 / p.15

【准备材料】
DARUMA iroiro／淡粉色（41）…6g, 夜空蓝（17）…5g
【针】
钩针4/0号
【成品尺寸】
12cm×12cm

□ 淡粉色

■ 夜空蓝

※偶数行的条纹针是在内侧半针里挑针钩织，奇数行的条纹针是在外侧半针里挑针钩织

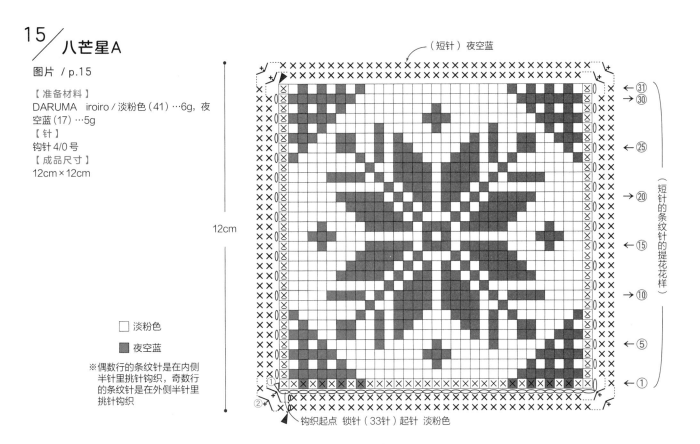

（短针）夜空蓝

12cm

← ③①
→ ③⓪
← ②⑤
→ ②⓪
← ①⑤
→ ①⓪
← ⑤
← ①

（短针的条纹针的提花花样）

① ②
钩织起点 锁针（33针）起针 淡粉色

16／八芒星B

图片 / p.15

【准备材料】
DARUMA iroiro／红萝卜色（43）…6g, 米白色（1）…5g
【针】
钩针4/0号
【成品尺寸】
12cm×12cm

□ 米白色

■ 红萝卜色

※偶数行的条纹针是在内侧半针里挑针钩织，奇数行的条纹针是在外侧半针里挑针钩织

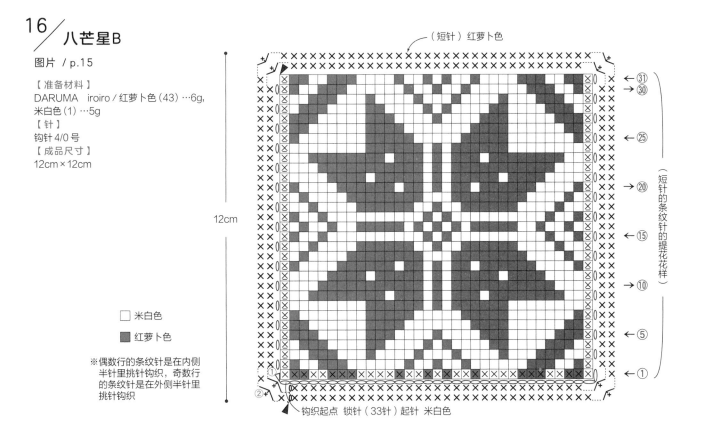

（短针）红萝卜色

12cm

← ③①
→ ③⓪
← ②⑤
→ ②⓪
← ①⑤
→ ①⓪
← ⑤
← ①

（短针的条纹针的提花花样）

① ②
钩织起点 锁针（33针）起针 米白色

17／火箭

图片／p.16

【准备材料】
和麻纳卡　Amerry F（粗）／海军蓝（514）
…5g，白色（501）…3g，深红色（508）、灰
色（523）…各2g，明黄色（503）、朱砂橘
（507）…各0.5g
【针】
钩针4/0号
【成品尺寸】
12cm×12cm

□ 海军蓝
□ 朱砂橘
▨ 深红色
□ 白色
▨ 灰色
◎ 明黄色

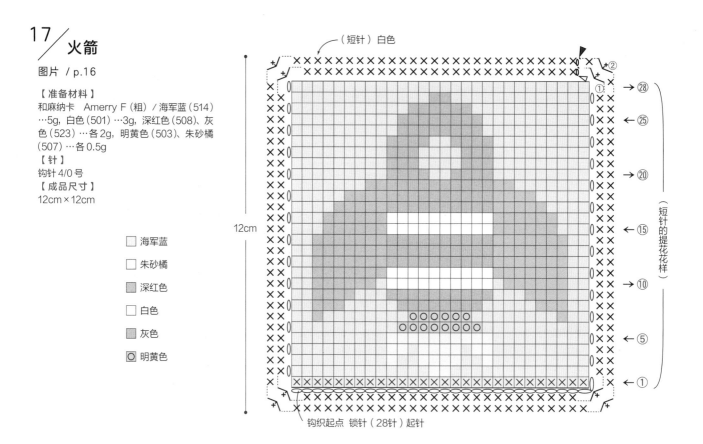

18／小汽车

图片／p.16

【准备材料】
和麻纳卡　Amerry F（粗）／鹦鹉绿（516）
…4g，白色（501）、明黄色（503）…各2g，
乳黄色（502）、浅蓝色（512）、灰色（523）、
黑色（524）…各0.5g
【针】
钩针4/0号
【成品尺寸】
12cm×12cm

□ 鹦鹉绿
◎ 灰色
□ 乳黄色
▨ 明黄色
□ 浅蓝色
▨ 黑色
□ 白色

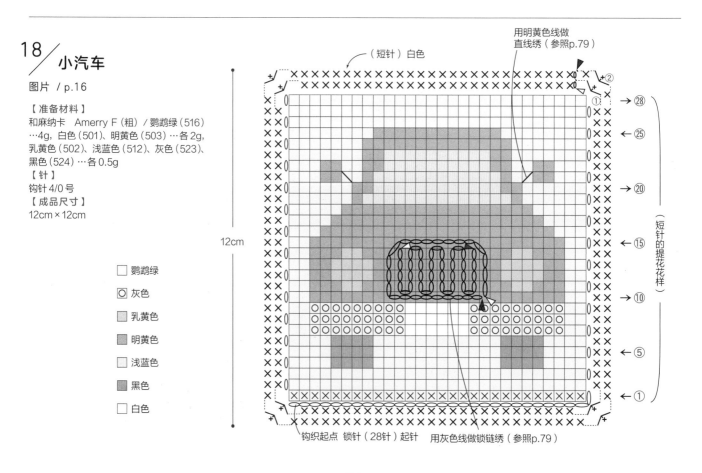

19／气球

图片／p.17

【准备材料】
和麻纳卡 Amerry F（粗）／白色（501）···7g，明黄色（503）、朱砂橘（507）、深红色（508）、鹦鹉绿（516）···各1g，孔雀绿（515）、棕色（519）···各0.5g
【针】
钩针4/0号
【成品尺寸】
12cm×12cm

□ 白色
▨ 深红色
▨ 朱砂橘
□ 明黄色
□ 鹦鹉绿
▨ 棕色
◎ 孔雀绿

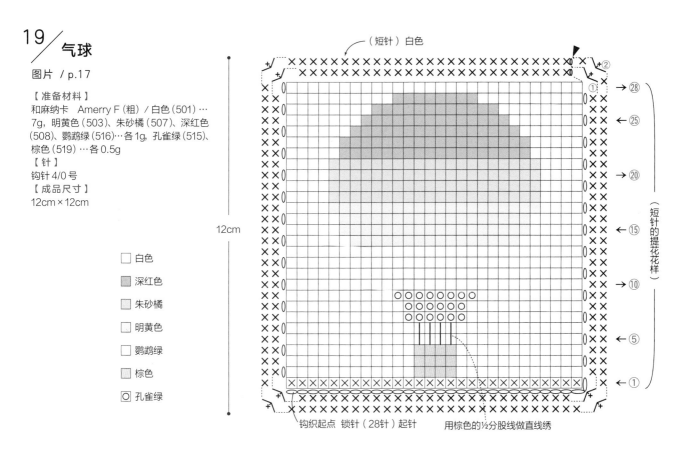

（短针）白色

12cm

→㉘
←㉕
→⑳
←⑮
→⑩
←⑤
←①

（短针的提花花样）

钩织起点 锁针（28针）起针　　用棕色的½分股线做直线绣

20／帆船

图片／p.17

【准备材料】
和麻纳卡 Amerry F（粗）／浅蓝色（512）···5g，乳黄色（502）、深红色（508）、海军蓝（514）···各1.5g，白色（501）···1g
【针】
钩针4/0号
【成品尺寸】
12cm×12cm

□ 浅蓝色
□ 白色
▨ 深红色
▨ 乳黄色
▨ 海军蓝

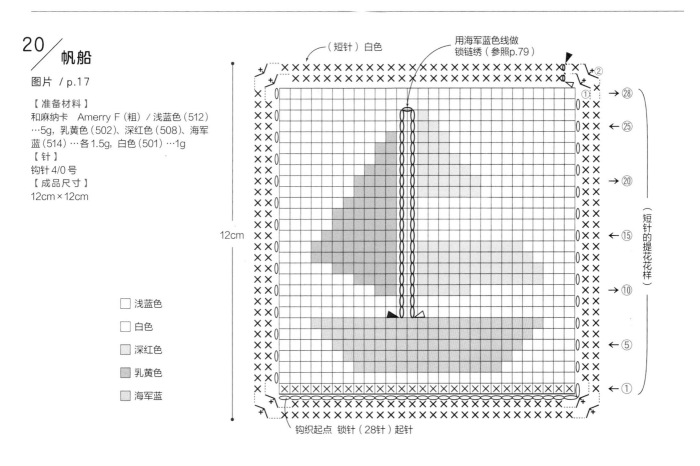

（短针）白色　　用海军蓝色线做锁链绣（参照p.79）

12cm

→㉘
←㉕
→⑳
←⑮
→⑩
←⑤
←①

（短针的提花花样）

钩织起点 锁针（28针）起针

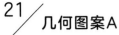

21／几何图案A

图片 / p.18

【准备材料】
和麻纳卡 Amerry F（粗）/ 森绿色（518）
…4g，乳黄色（502）…3g
【针】
钩针 4/0 号
【成品尺寸】
10cm×10cm

□ 乳黄色

■ 森绿色

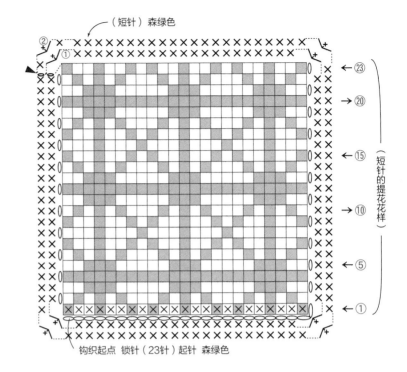

（短针）森绿色

10cm

← ㉓
→ ⑳
← ⑮
→ ⑩
← ⑤
← ①

（短针的提花花样）

钩织起点 锁针（23针）起针 森绿色

22／几何图案B

图片 / p.18

【准备材料】
和麻纳卡 Amerry F（粗）/ 灰色（523）…
4g，白色（501）…3g
【针】
钩针 4/0 号
【成品尺寸】
10cm×10cm

□ 白色

■ 灰色

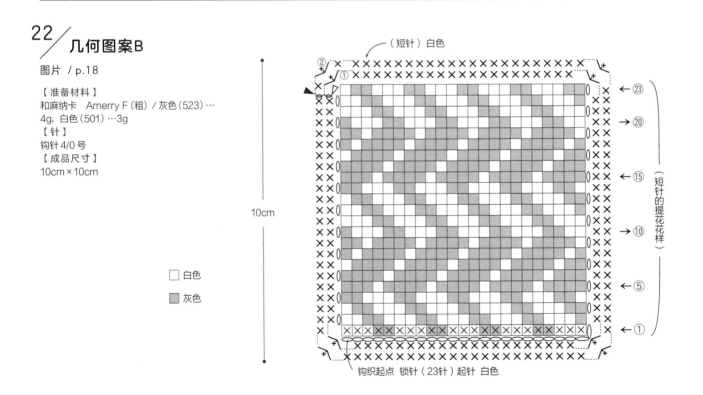

（短针）白色

10cm

← ㉓
→ ⑳
← ⑮
→ ⑩
← ⑤
← ①

（短针的提花花样）

钩织起点 锁针（23针）起针 白色

23 / 几何图案C

图片 / p.19

【准备材料】
和麻纳卡 Amerry F（粗）/桃粉色（504）
…4g，朱砂橘（507）…3g
【针】
钩针 4/0 号
【成品尺寸】
10cm×10cm

10cm

□ 桃粉色

■ 朱砂橘

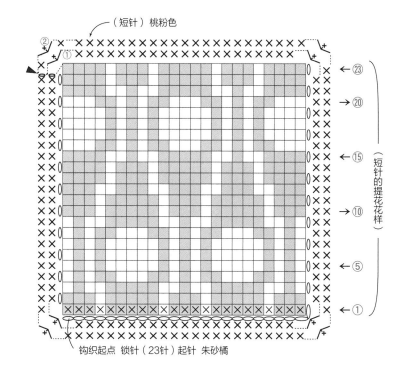

（短针）桃粉色

← ㉓
→ ⑳
← ⑮
→ ⑩
← ⑤
← ①

（短针的提花花样）

钩织起点 锁针（23针）起针 朱砂橘

---

24 / 几何图案D

图片 / p.19

【准备材料】
和麻纳卡 Amerry F（粗）/海军蓝（514）
…4g，浅蓝色（512）…3g
【针】
钩针 4/0 号
【成品尺寸】
10cm×10cm

10cm

□ 浅蓝色

■ 海军蓝

（短针）海军蓝

← ㉓
→ ⑳
← ⑮
→ ⑩
← ⑤
← ①

（短针的提花花样）

钩织起点 锁针（23针）起针 海军蓝

25/蝴蝶

图片 / p.20

【准备材料】
DARUMA iroiro / 樱花粉（40）…8g，海蓝色（14）…2g，橄榄绿（25）…1g
【针】
钩针 4/0 号
【成品尺寸】
10cm × 10cm

□ 樱花粉
□ 橄榄绿
■ 海蓝色

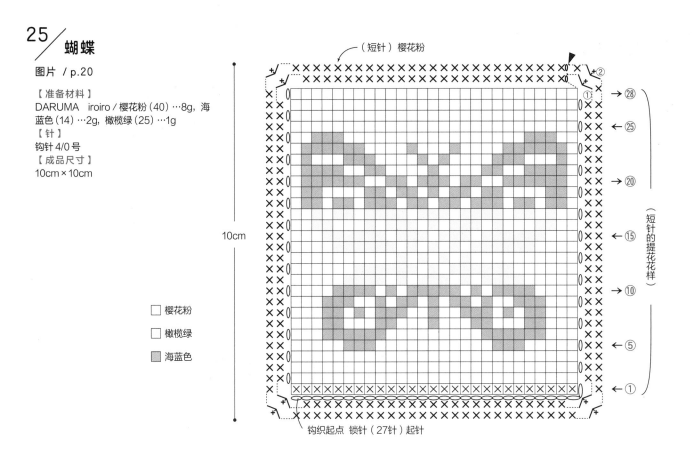

（短针）樱花粉

10cm

→ ㉘
← ㉕
→ ⑳
← ⑮
→ ⑩
← ⑤
← ①

（短针的提花花样）

钩织起点 锁针（27针）起针

26/蜜蜂

图片 / p.20

【准备材料】
DARUMA iroiro / 米白色（1）…6g，柠檬黄（31）…3g，黑色（47）、深灰色（48）…各1g
【针】
钩针 4/0 号
【成品尺寸】
10cm × 10cm

□ 米白色
□ 柠檬黄
▦ 深灰色
■ 黑色

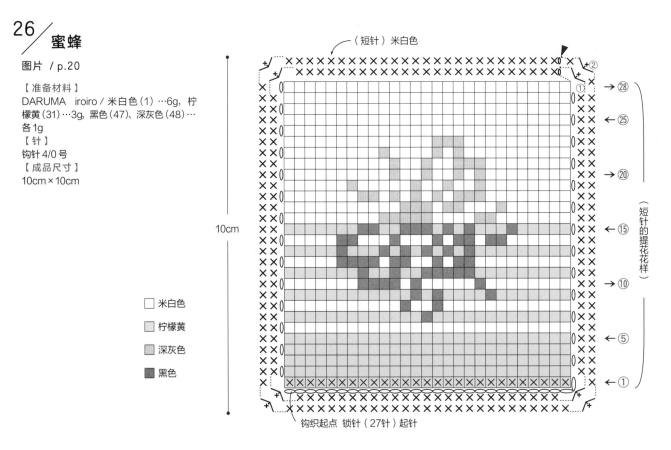

（短针）米白色

10cm

→ ㉘
← ㉕
→ ⑳
← ⑮
→ ⑩
← ⑤
← ①

（短针的提花花样）

钩织起点 锁针（27针）起针

27／瓢虫

图片 / p.21

【准备材料】
DARUMA iroiro／浅灰色（50）…7g，红色（37）、酒红色（45）…各2g，橄榄绿（25）…1g
【针】
钩针4/0号
【成品尺寸】
12cm×12cm

12cm

□ 浅灰色

□ 红色

■ 酒红色

□ 橄榄绿

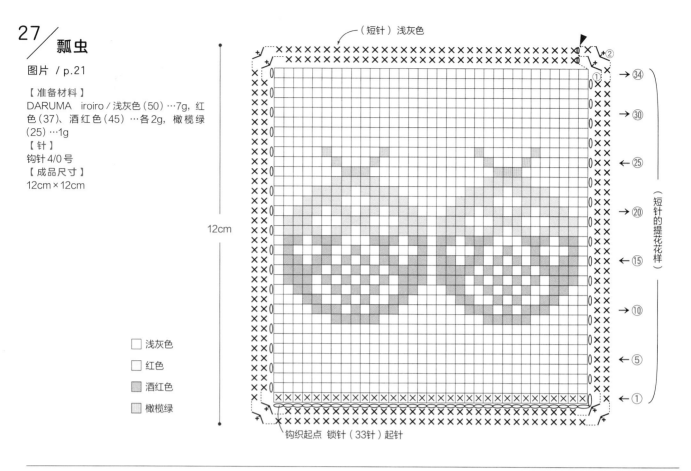

（短针）浅灰色

→ 34
→ 30
← 25
→ 20
← 15
→ 10
← 5
← 1

（短针的提花花样）

钩织起点 锁针（33针）起针

28／小青虫

图片 / p.21

【准备材料】
DARUMA iroiro／海蓝色（14）…9g，米白色（1）、薄荷绿（21）、嫩绿色（27）…各1g
【针】
钩针4/0号
【成品尺寸】
12cm×12cm

12cm

□ 米白色

□ 薄荷绿

□ 海蓝色

■ 嫩绿色

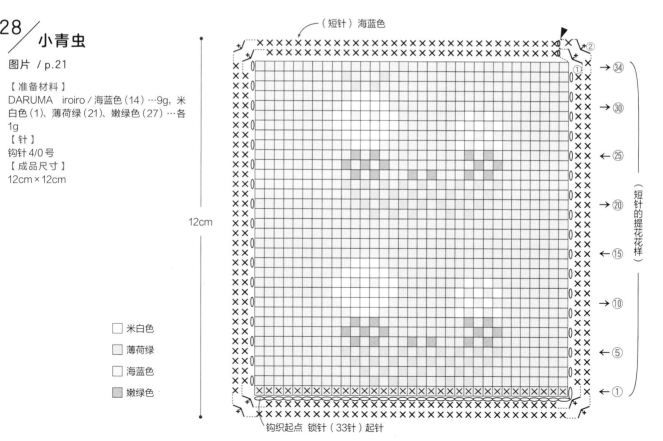

（短针）海蓝色

→ 34
→ 30
← 25
→ 20
← 15
→ 10
← 5
← 1

（短针的提花花样）

钩织起点 锁针（33针）起针

61

29 / 蘑菇A

图片 / p.22

【准备材料】
钻石毛线 Diagold（中细）/深绿色（364）
…4g，深红色（289）、黄绿色（368）…各
2g，姜黄色（245）、奶油色（372）…各1g
【针】
钩针3/0号
【成品尺寸】
10cm×10cm

□ 深绿色
■ 奶油色
■ 黄绿色
□ 深红色
Ⓞ 姜黄色

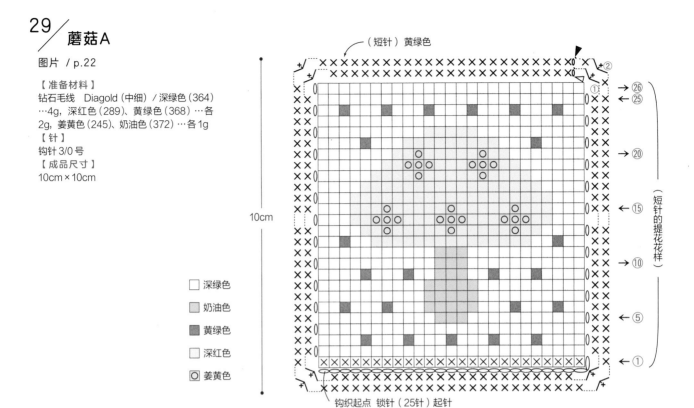

30 / 蘑菇B

图片 / p.22

【准备材料】
钻石毛线 Diagold（中细）/黄绿色（368）
…4g，宝蓝色（334）、深绿色（364）…各
2g，本白色（273）、肉粉色（336）、米色
（369）…各1g
【针】
钩针3/0号
【成品尺寸】
10cm×10cm

□ 黄绿色
□ 米色
■ 宝蓝色
■ 肉粉色

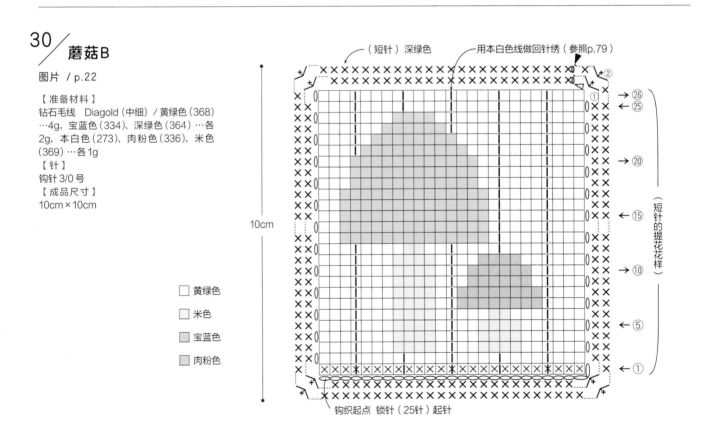

31／音符A

图片／p.23

【准备材料】
钻石毛线 Diagold（中细）／蓝绿色（371）
…3g，浅灰色（101）、黄绿色（368）各
2g，肉粉色（336）…1g
【针】
钩针 3/0 号
【成品尺寸】
10cm×10cm

□ 浅灰色
□ 蓝绿色
■ 肉粉色

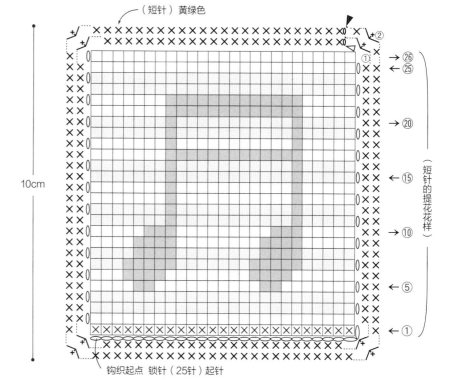

（短针）黄绿色

10cm

→㉖
←㉕
→⑳
←⑮
→⑩
←⑤
←①

（短针的提花花样）

钩织起点 锁针（25针）起针

32／音符B

图片／p.23

【准备材料】
钻石毛线 Diagold（中细）／白色（1036）
…5g，黑色（13）…3g
【针】
钩针 3/0 号
【成品尺寸】
10cm×10cm

□ 白色
■ 黑色

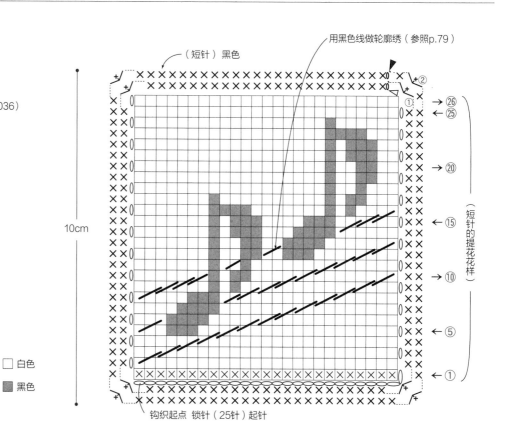

（短针）黑色

用黑色线做轮廓绣（参照p.79）

10cm

→㉖
←㉕
→⑳
←⑮
→⑩
←⑤
←①

（短针的提花花样）

钩织起点 锁针（25针）起针

33／猕猴桃

图片 / p.24

【准备材料】
DARUMA iroiro／蘑菇白（2）…4.5g，
淡黄绿色（28）…3.5g，砖红色（8）…2g，
黑色（47）…1g
【针】
钩针4/0号
【成品尺寸】
12cm×12cm

□ 蘑菇白

▨ 淡黄绿色

● ＝用黑色线做法式结
（绕2圈）
（参照p.79）

※偶数行的条纹针是在内侧
半针里挑针钩织，奇数行
的条纹针是在外侧半针里
挑针钩织

12cm

（短针）砖红色

用砖红色线做锁链绣（参照p.79）

31
30
25
20
15
10
5
1

（短针的条纹针的提花花样）

钩织起点 锁针（33针）起针

34／樱桃

图片 / p.24

【准备材料】
DARUMA iroiro／蘑菇白（2）…7g，淡
粉色（41）…2g，樱桃粉（38）、苔绿色
（24）…各1g
【针】
钩针4/0号
【成品尺寸】
12cm×12cm

□ 蘑菇白

□ 苔绿色

▨ 樱桃粉

※偶数行的条纹针是在内侧
半针里挑针钩织，奇数行
的条纹针是在外侧半针里
挑针钩织

12cm

（短针）淡粉色

31
30
25
20
15
10
5
1

（短针的条纹针的提花花样）

钩织起点 锁针（33针）起针

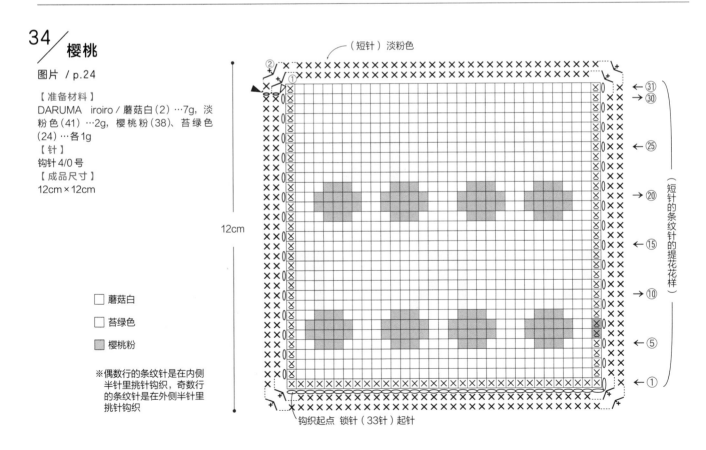

35 / 橙子

图片 / p.25

【准备材料】
DARUMA iroiro / 米白色（1）…5g，橘黄色（35）…3g，柠檬黄（31）…2g，苔绿色（24）…少量

【针】
钩针 4/0 号

【成品尺寸】
12cm×12cm

□ 米白色

▨ 橘黄色

※偶数行的条纹针是在内侧半针里挑针钩织，奇数行的条纹针是在外侧半针里挑针钩织

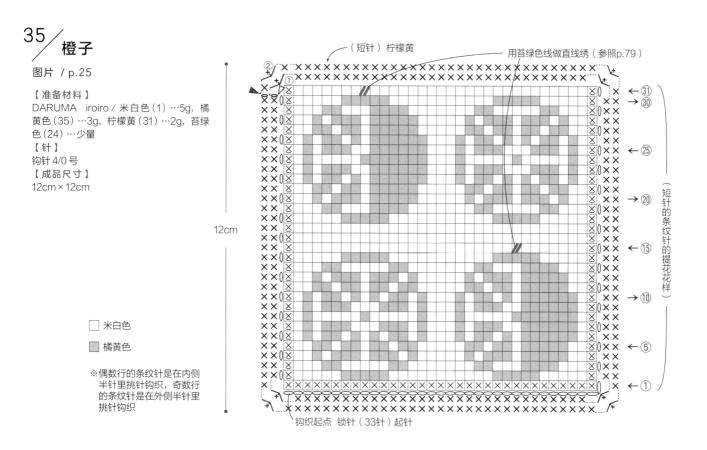

（短针）柠檬黄

用苔绿色线做直线绣（参照p.79）

钩织起点 锁针（33针）起针

（短针的条纹针的提花花样）

36 / 葡萄

图片 / p.25

【准备材料】
DARUMA iroiro / 米白色（1）…6.5g，淡黄绿色（28）…3.5g，紫色（46）…2g，橄榄绿（25）…0.5g

【针】
钩针 4/0 号

【成品尺寸】
12cm×12cm

□ 米白色

□ 淡黄绿色

□ 橄榄绿

▨ 紫色

※偶数行的条纹针是在内侧半针里挑针钩织，奇数行的条纹针是在外侧半针里挑针钩织

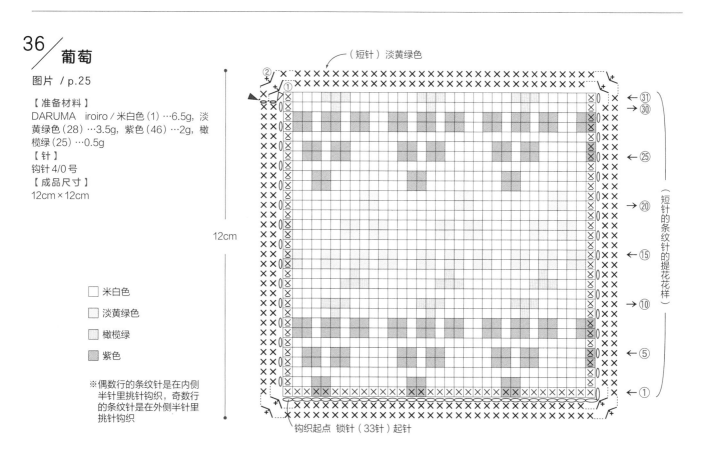

（短针）淡黄绿色

钩织起点 锁针（33针）起针

（短针的条纹针的提花花样）

茶杯图案茶壶垫

图片 p.26

【准备材料】
钻石毛线 Diagold（中细）／本白色（273）…15g，浅粉色（253）、珊瑚粉（367）、茶色（362）、深棕色（235）…各5g

【针】
钩针 4/0 号、3/0 号

【成品尺寸】
长 17cm
宽 17cm

【钩织方法】
1 钩39针锁针起针，在锁针的里山挑针钩织短针的提花花样。
2 在主体的四周钩织边缘。

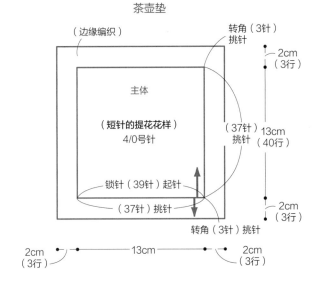

茶壶垫

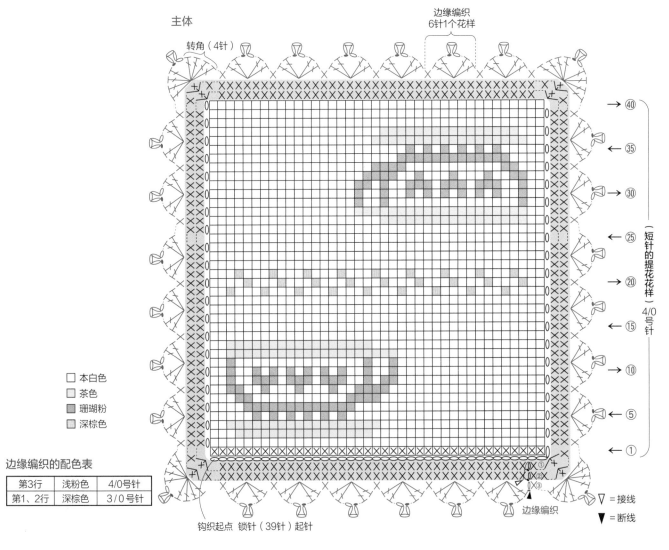

边缘编织的配色表

第3行	浅粉色	4/0号针
第1、2行	深棕色	3/0号针

37／茶壶

图片／p.27

【准备材料】
钻石毛线　Diagold（中细）／奶油色（372）
…6g，红色（605）、深红色（289）、黄绿色
（368）…各2g，抹茶色（266）…1g
【针】
钩针4/0号、3/0号
【成品尺寸】
12cm×12cm

□ 奶油色
□ 红色
□ 深红色
■ 抹茶色

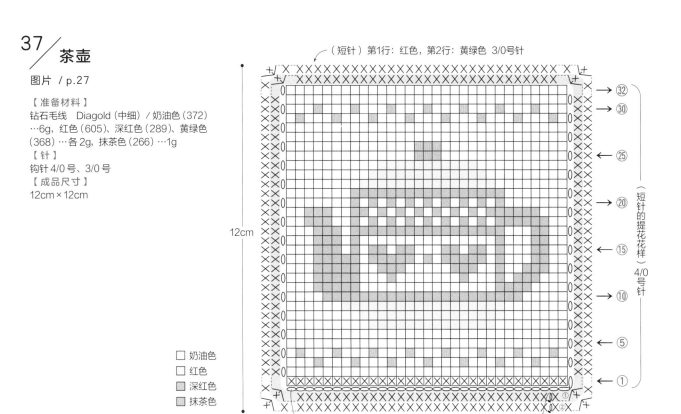

38／茶杯

图片／p.27

【准备材料】
钻石毛线　Diagold（中细）／奶油色（372）
…7g，红色（605）…3.5g，深红色（289）、
黄绿色（368）…各2g，抹茶色（266）…
0.5g
【针】
钩针4/0号、3/0号
【成品尺寸】
12cm×12cm

□ 奶油色
□ 红色
□ 深红色
■ 抹茶色

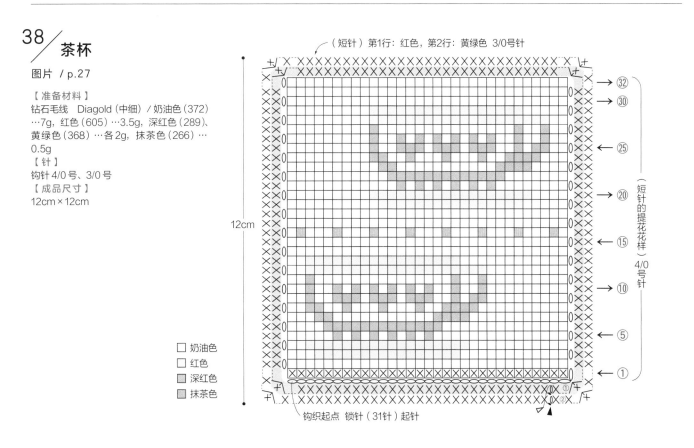

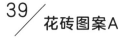

39 / 花砖图案A

图片 / p.28

【准备材料】
钻石毛线　Diagold（中细）／抹茶色
(266)…6g, 奶油色 (372)…4g, 象牙
白 (1222)…2g, 姜黄色 (245)…0.5g
【针】
钩针 4/0 号、3/0 号
【成品尺寸】
12cm × 12cm

□ 象牙白
□ 抹茶色
■ 奶油色
■ 姜黄色

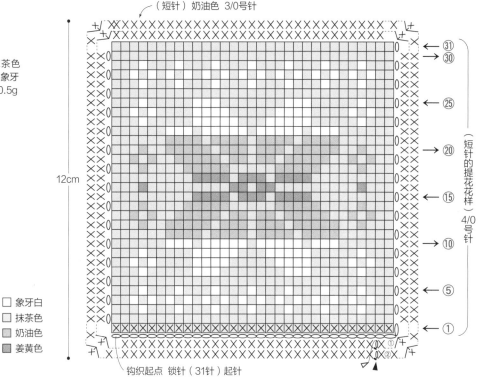

（短针）奶油色 3/0号针

12cm

钩织起点 锁针（31针）起针

短针的提花花样 4/0号针

40 / 花砖图案B

图片 / p.28

【准备材料】
钻石毛线　Diagold（中细）／ 奶油色
(372)…3.5g, 肉粉色 (336)、靛蓝色 (374)、
蓝绿色 (371)…各 3g, 姜黄色 (245)…0.5g
【针】
钩针 4/0 号、3/0 号
【成品尺寸】
12cm × 12cm

□ 奶油色
■ 肉粉色
□ 靛蓝色
■ 姜黄色
□ 蓝绿色

（短针）蓝绿色 3/0号针

12cm

钩织起点 锁针（31针）起针

短针的提花花样 4/0号针

41／格纹

图片 / p.29

【准备材料】
钻石毛线 Diagold（中细）/ 本白色（273）
…5g，浅粉色（253）…3.5g，靛蓝色（374）
…2.5g，酒红色（1484）、深藏青色（1148）
…各1g
【针】
钩针 4/0 号、3/0 号
【成品尺寸】
12cm×12cm

□ 本白色
□ 靛蓝色
■ 深藏青色
□ 浅粉色
■ 酒红色

12cm

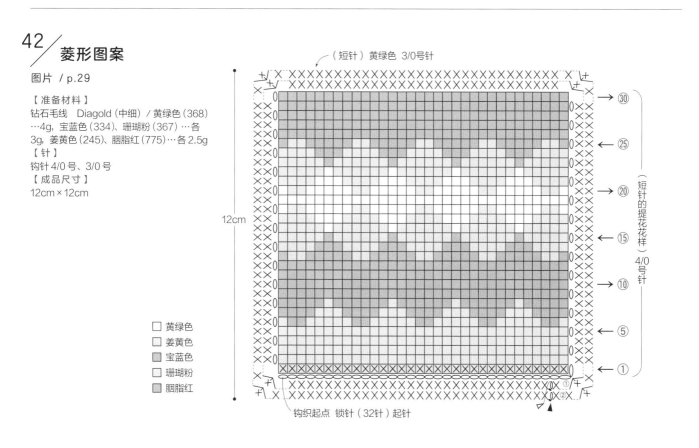

（短针）靛蓝色 3/0号针

→ ㉚
← ㉕
→ ⑳
← ⑮
→ ⑩
← ⑤
→ ①

（短针的提花花样）4/0号针

钩织起点 锁针（32针）起针

42／菱形图案

图片 / p.29

【准备材料】
钻石毛线 Diagold（中细）/ 黄绿色（368）
…4g，宝蓝色（334）、珊瑚粉（367）…各
3g，姜黄色（245）、胭脂红（775）…各2.5g
【针】
钩针 4/0 号、3/0 号
【成品尺寸】
12cm×12cm

□ 黄绿色
□ 姜黄色
■ 宝蓝色
□ 珊瑚粉
■ 胭脂红

12cm

（短针）黄绿色 3/0号针

→ ㉚
← ㉕
→ ⑳
← ⑮
→ ⑩
← ⑤
→ ①

（短针的提花花样）4/0号针

钩织起点 锁针（32针）起针

43／尖顶帽

图片 / p.30

【准备材料】
DARUMA iroiro / 橘黄色（35）…6.5g，
黑色（47）…3g，紫色（46）…0.5g
【针】
钩针4/0号
【成品尺寸】
12cm×12cm

※偶数行的条纹针是在内侧
半针里挑针钩织，奇数行
的条纹针是在外侧半针里
挑针钩织

□ 橘黄色
▨ 紫色
▨ 黑色

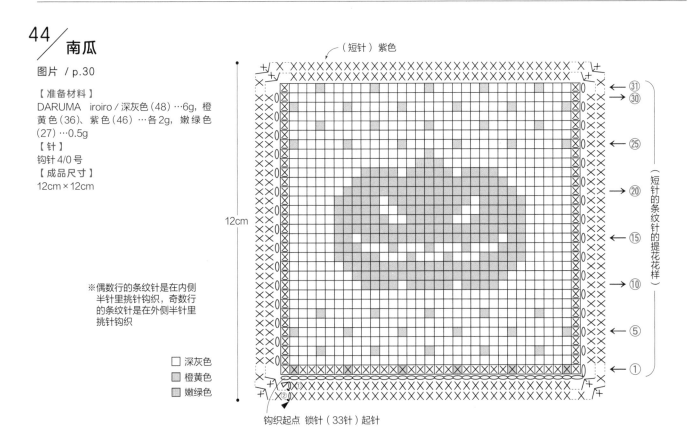

（短针）黑色

12cm

→ ㉛
→ ㉚
← ㉕
→ ⑳
← ⑮
→ ⑩
← ⑤
← ①

（短针的条纹针的提花花样）

钩织起点 锁针（33针）起针

44／南瓜

图片 / p.30

【准备材料】
DARUMA iroiro / 深灰色（48）…6g，橙
黄色（36）、紫色（46）…各2g，嫩绿色
（27）…0.5g
【针】
钩针4/0号
【成品尺寸】
12cm×12cm

※偶数行的条纹针是在内侧
半针里挑针钩织，奇数行
的条纹针是在外侧半针里
挑针钩织

□ 深灰色
▨ 橙黄色
▨ 嫩绿色

（短针）紫色

12cm

→ ㉛
→ ㉚
← ㉕
→ ⑳
← ⑮
→ ⑩
← ⑤
← ①

（短针的条纹针的提花花样）

钩织起点 锁针（33针）起针

45 / 幽灵

图片 / p.31

【准备材料】
DARUMA iroiro / 黑色（47）…4.5g，米白色（1）、橙黄色（36）…各2g
【针】
钩针 4/0 号
【成品尺寸】
10cm × 10cm

※偶数行的条纹针是在内侧半针里挑针钩织，奇数行的条纹针是在外侧半针里挑针钩织

□ 米白色
▦ 黑色
● =用黑色线做法式结（绕2圈）（参照p.79）
▮ =用黑色线做直线绣（参照p.79）

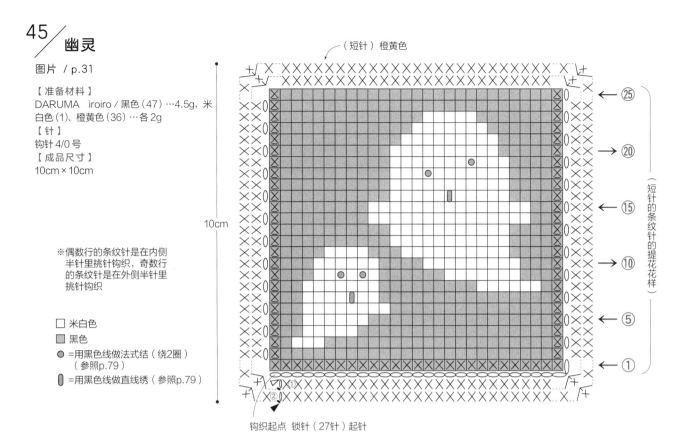

（短针）橙黄色

① ⑤ ⑩ ⑮ ⑳ ㉕

（短针的条纹针的提花花样）

10cm

钩织起点 锁针（27针）起针

---

46 / 扫帚

图片 / p.31

【准备材料】
DARUMA iroiro / 紫色（46）…5g，米白色（1）…2g，黄豆色（4）…1.5g，橙黄色（36）、黑色（47）…各少量
【针】
钩针 4/0 号
【成品尺寸】
10cm × 10cm

※偶数行的条纹针是在内侧半针里挑针钩织，奇数行的条纹针是在外侧半针里挑针钩织

□ 紫色
▦ 黄豆色
● =缝蝴蝶结的位置
准备12cm长的橙黄色和黑色线，穿入针脚后系成蝴蝶结

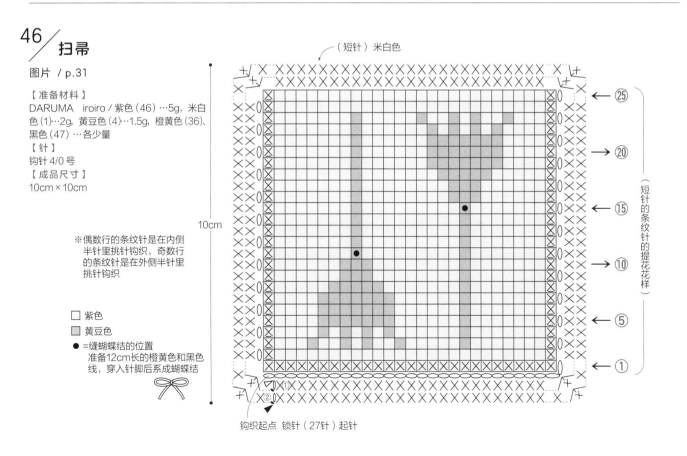

（短针）米白色

① ⑤ ⑩ ⑮ ⑳ ㉕

（短针的条纹针的提花花样）

10cm

钩织起点 锁针（27针）起针

47 / 铃铛

图片 / p.32

【准备材料】
钻石毛线 Diagold (中细) / 宝蓝色 (334)
…4.5g, 姜黄色 (245)…2.5g, 灰白色 (174)
…2g, 深红色 (289)…1.5g, 奶油色 (372)
…0.5g
【针】
钩针 4/0 号、3/0 号
【成品尺寸】
10cm × 10cm

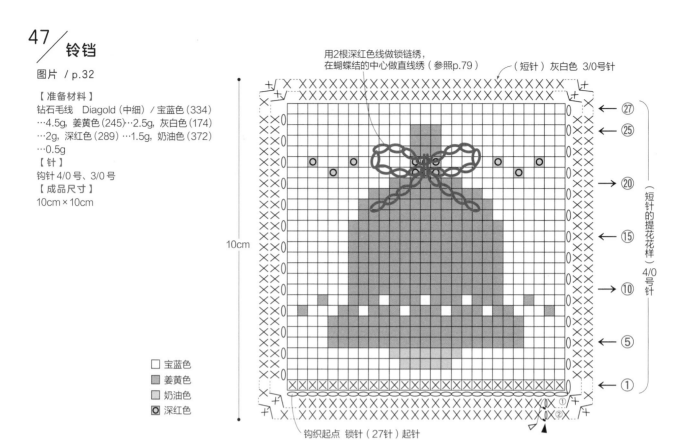

用2根深红色线做锁链绣，
在蝴蝶结的中心做直线绣（参照p.79）

（短针）灰白色 3/0号针

10cm

□ 宝蓝色
■ 姜黄色
□ 奶油色
◉ 深红色

短针的提花花样   4/0 号针

钩织起点 锁针（27针）起针

---

48 / 雪人

图片 / p.32

【准备材料】
钻石毛线 Diagold (中细) / 靛蓝色 (374)
…4g, 白色 (1036)…3g, 灰白色 (174)…
2g, 珊瑚粉 (367)、深藏青色 (1148)…各
1g, 茶色 (362)…少量
【针】
钩针 4/0 号、3/0 号
【成品尺寸】
10cm × 10cm

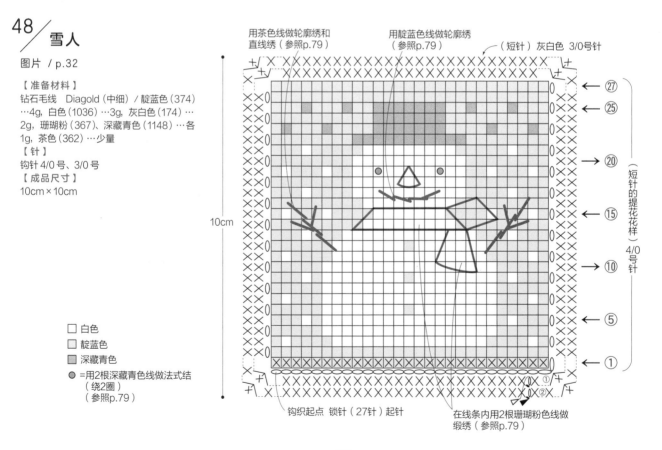

用茶色线做轮廓绣和
直线绣（参照p.79）

用靛蓝色线做轮廓绣
（参照p.79）

（短针）灰白色 3/0号针

10cm

□ 白色
□ 靛蓝色
■ 深藏青色
● =用2根深藏青色线做法式结
（绕2圈）
（参照p.79）

短针的提花花样   4/0 号针

钩织起点 锁针（27针）起针

在线条内用2根珊瑚粉色线做
缎绣（参照p.79）

49 / 花环

图片 / p.33

【准备材料】
钻石毛线 Diagold（中细）/浅粉色（253）
…5g，抹茶色（266）…2.5g，灰白色（174）
…2g，深红色（289）…1g，红色（605）、姜
黄色（245）…各少量
【针】
钩针4/0号、3/0号
【成品尺寸】
10cm×10cm

□ 浅粉色
□ 抹茶色
■ 深红色
○ =用2根姜黄色线做法式结
　（绕3圈）
　（参照p.79）

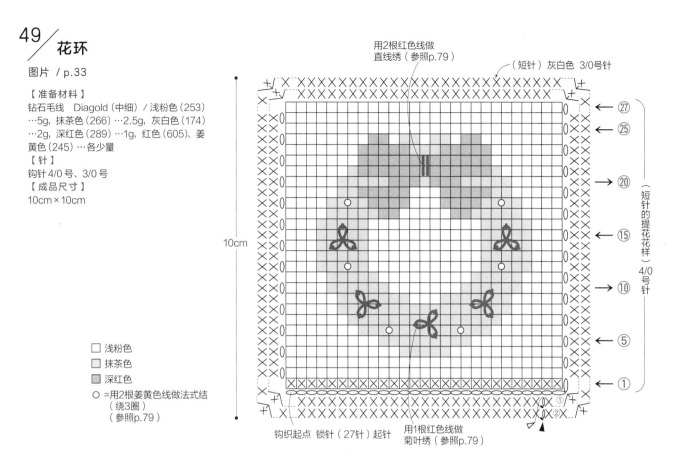

用2根红色线做
直线绣（参照p.79）

（短针）灰白色 3/0号针

10cm

⑦
㉕
⑳
⑮
⑩
⑤
①

短针的提花花样 4/0号针

钩织起点 锁针（27针）起针

用1根红色线做
菊叶绣（参照p.79）

50 / 蜡烛

图片 / p.33

【准备材料】
钻石毛线 Diagold（中细）/红色（605）
…3g，象牙白（1222）…2.5g，灰白色（174）、
深绿色（364）…各2g，奶油色（372）、黄
绿色（368）、抹茶色（266）…各1g
【针】
钩针4/0号、3/0号
【成品尺寸】
10cm×10cm

□ 象牙白
□ 奶油色
■ 深绿色
◎ 黄绿色
■ 红色
□ 抹茶色
● =用2根红色线做法式结
　（绕3圈）
　（参照p.79）

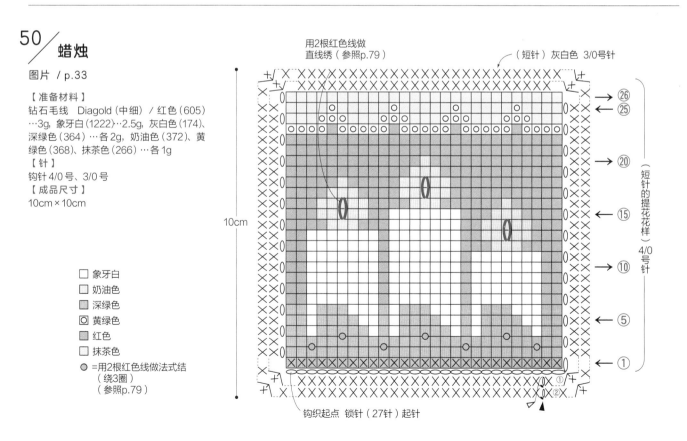

用2根红色线做
直线绣（参照p.79）

（短针）灰白色 3/0号针

10cm

㉖
㉕
⑳
⑮
⑩
⑤
①

短针的提花花样 4/0号针

钩织起点 锁针（27针）起针

芭蕾舞者迷你手提包

图片 / p.34

【准备材料】
钻石毛线 Diagold（中细）/ 浅灰色（101）
···55g，白色（1036）···10g，翠绿色（375）、
米色（369）、深绿色（364）···各5g，象牙
白（1222）、肉粉色（336）···各1g，奶油色
（372）、黑色（13）···各少量

【针】
钩针5/0号
【成品尺寸】
宽18cm
深18cm

【钩织方法】
1 钩织侧面。钩31针锁针起针，在锁针的里山挑针，前侧按"芭蕾舞者A
（p.35）"钩织短针的提花花样，后侧钩织短针。在前侧指定位置刺绣。
2 接着如图所示，在前侧的四周一边配色一边钩织短针。
3 将2片侧面正面朝外对齐做卷针缝接合。
4 钩织提手。钩41针锁针起针，在锁针的里山挑针钩织短针。
5 接着在钩织终点侧以及起针侧一边配色一边钩织短针。
6 将提手缝在侧面的内侧。

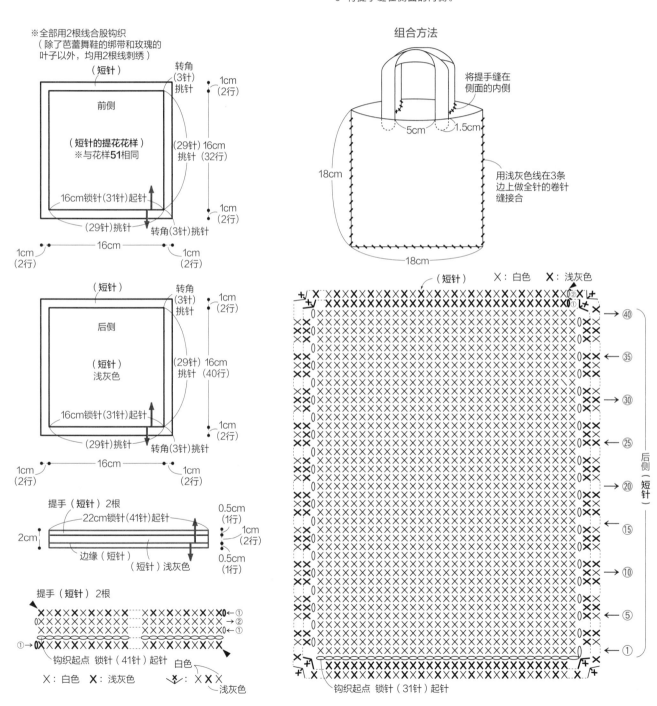

※全部用2根线合股钩织
（除了芭蕾舞鞋的绑带和玫瑰的
叶子以外，均用2根线刺绣）

（短针）
转角
（3针）
挑针
1cm
（2行）

前侧

（短针的提花花样）
※与花样51相同

（29针）16cm
挑针（32行）

16cm锁针（31针）起针

1cm
（2行）

（29针）挑针
转角（3针）挑针

1cm
（2行）

1cm
（2行）
16cm
1cm
（2行）

（短针）
转角
（3针）
挑针
1cm
（2行）

后侧

（短针）
浅灰色

（29针）16cm
挑针（40行）

16cm锁针（31针）起针

1cm
（2行）

（29针）挑针
转角（3针）挑针

1cm
（2行）

1cm
（2行）
16cm
1cm
（2行）

提手（短针）2根
22cm锁针（41针）起针
2cm
边缘（短针）
（短针）浅灰色
0.5cm
（1行）
1cm
（2行）
0.5cm
（1行）

提手（短针）2根

钩织起点 锁针（41针）起针 白色
X：白色 X：浅灰色
×：××× 浅灰色

组合方法

将提手缝在
侧面的内侧
5cm 1.5cm

18cm

18cm

用浅灰色线在3条
边上做全针的卷针
缝接合

（短针）　　X：白色　X：浅灰色

后侧（短针）

钩织起点 锁针（31针）起针

51 / 芭蕾舞者A

图片 / p.35

【准备材料】
钻石毛线 Diagold（中细）／浅灰色（101）…
9g，翠绿色（375）…2g，白色（1036）、象
牙白（1222）、米色（369）…各1g，深绿色
（364）…0.5g，肉粉色（336）、奶油色（372）、
黑色（13）…各少量

【针】
钩针 3/0 号

【成品尺寸】
12cm × 12cm

X：白色 　　　白色
X：浅灰色 　　ⅩⅩⅩ ：白色
　　　　　　　　浅灰色

□ 浅灰色
□ 象牙白
□ 翠绿色
□ 米色
■ 深绿色

◎ = 用奶油色线做法式结（绕2圈）
　　　用肉粉色线做卷线玫瑰绣（绕3圈）

用深绿色线做直线绣
用深绿色线做菊叶绣

O =用黑色线做卷线玫瑰绣（绕10圈）

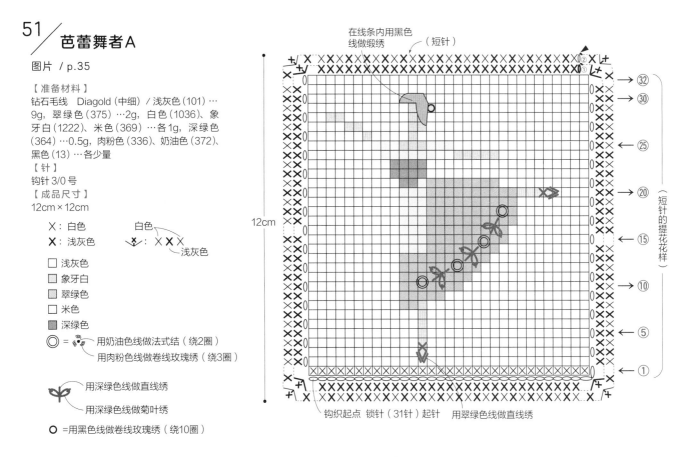

在线条内用黑色
线做缎绣　（短针）

12cm

→ ㉜
→ ㉚
← ㉕
→ ⑳
← ⑮
← ⑩
← ⑤
← ①

（短针的提花花样）

钩织起点 锁针（31针）起针　用翠绿色线做直线绣

---

52 / 芭蕾舞者B

图片 / p.35

【准备材料】
钻石毛线 Diagold（中细）／灰紫色（378）…
9g，白色（1036）、象牙白（1222）、肉粉色
（336）…各1g，奶油色（372）、黄绿色（368）、
黑色（13）…各少量

【针】
钩针 3/0 号

【成品尺寸】
12cm × 12cm

X：白色 　　　白色
X：灰紫色 　　ⅩⅩⅩ ：白色
　　　　　　　　灰紫色

□ 灰紫色
□ 象牙白
□ 肉粉色

◎ = 用奶油色线做法式结（绕3圈）
　　　用肉粉色线做卷线玫瑰绣（绕5圈）

O =用黑色线做卷线玫瑰绣（绕10圈）

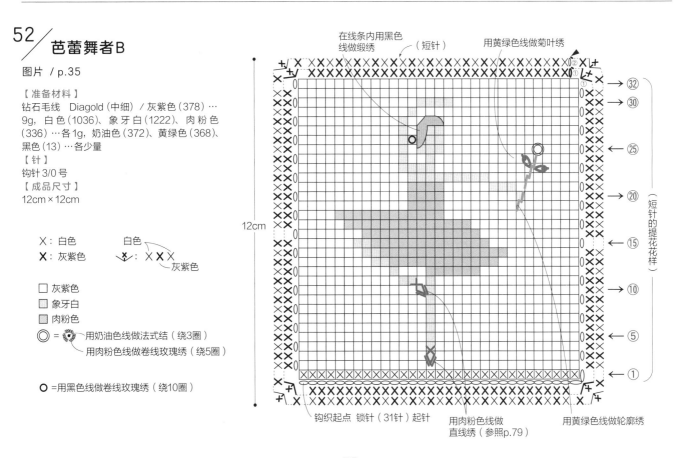

在线条内用黑色
线做缎绣　（短针）　用黄绿色线做菊叶绣

12cm

→ ㉜
→ ㉚
← ㉕
→ ⑳
← ⑮
← ⑩
← ⑤
← ①

（短针的提花花样）

钩织起点 锁针（31针）起针　用肉粉色线做
直线绣（参照p.79）　用黄绿色线做轮廓绣

钩针编织基础

如何看懂符号图

符号图均表示从织物正面看到的状态，根据日本工业标准（JIS）制定。
钩针编织没有正针和反针的区别（内钩和外钩针除外），交替看着正、反面进行往返钩织时也用相同的针法符号表示。

从中心向外环形钩织时

在中心环形起针（或钩织锁针连接成环形），然后一圈圈地向外钩织。每圈的起始处都要先钩织立起的锁针。通常情况下，都是看着织物的正面按符号图从右往左（逆时针）钩织。

表示圈数（或行数）
立起的锁针
环
……当针法符号相隔较远时，用虚线连接下一针要钩织的符号。
▼：断线

往返钩织时

特点是左右两侧都有立起的锁针。原则上，当立起的锁针位于右侧时，看着织物的正面按符号图从右往左钩织；当立起的锁针位于左侧时，看着织物的反面按符号图从左往右钩织。右边的符号图表示在第3行换成配色线钩织。

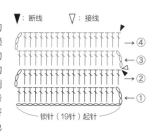

▼：断线　　▽：接线
锁针（19针）起针

锁针的识别方法

锁针有正、反面之分。反面中间突出的1根线叫作锁针的"里山"。

正面

反面

里山

带线和持针的方法

1 从左手的小指和无名指之间将线向前拉出，然后挂在食指上，将线头拉至手掌前。

2 用拇指和中指捏住线头，竖起食指使线绷紧。

3 用右手的拇指和食指捏住钩针，再用中指轻轻抵住针头。

起始针的钩织方法

1 将钩针抵在线的后侧，如箭头所示转动针头。

2 再在针头挂线。

3 从线环中将线向前拉出。

4 拉动线头收紧，起始针完成（此针不计为1针）。

起针

从中心向外环形钩织时
（用线头制作线环）

 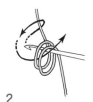 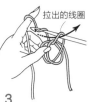 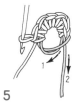 

拉出的线圈

1 在左手食指上绕2圈线，制作线环。

2 从手指上取下线环重新捏住，在线环中插入钩针，如箭头所示挂线后向前拉出。

3 针头再次挂线拉出，钩1针立起的锁针。

4 第1圈在线环中插入钩针，钩织所需针数的短针。

5 暂时取下钩针，拉动最初制作线环的线（1）和线头（2），收紧线环。

6 第1圈结束时，在第1圈短针的头部插入钩针引拔。

从中心向外环形钩织时
（钩锁针制作线环）

   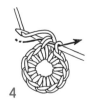

1 钩织所需针数的锁针，在第1针锁针的半针里插入钩针引拔。

2 针头挂线后拉出，此针就是立起的锁针。

3 第1圈在线环中插入钩针，成束挑起锁针钩织所需针数的短针。

4 第1圈结束时，在第1针短针的头部插入钩针，挂线引拔。

往返钩织时

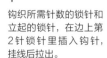

立起的1针锁针

1 钩织所需针数的锁针和立起的锁针，在边上第2针锁针里插入钩针，挂线后拉出。

2 针头挂线，如箭头所示将线拉出。

3 第1行完成后的状态（立起的1针锁针不计为1针）。

76

从前一行挑针的方法

同样是枣形针，符号不同，挑针的方法也不同。
符号下方是闭合状态时，在前一行的1个针脚里钩织；符号下方是打开状态时，成束挑起前一行的锁针钩织。

在1个针脚里钩织

 1　 2

成束挑起锁针钩织

 1　 2

针法符号

锁针

1
钩起始针，接着在针头挂线。

2
将挂线拉出，完成锁针。

3
按相同要领，重复步骤1和2的"挂线、拉出"，继续钩织。

4
5针锁针完成。

引拔针

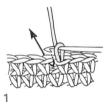
1
在前一行的针脚里插入钩针。

2
针头挂线。

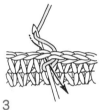
3
将线一次性拉出。

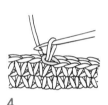
4
1针引拔针完成。

短针

1
在前一行的针脚里插入钩针。

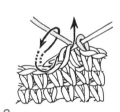
2
针头挂线，将线圈拉出至内侧（拉出后的状态叫作"未完成的短针"）。

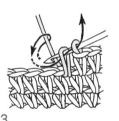
3
针头再次挂线，一次性引拔穿过2个线圈。

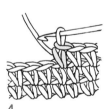
4
1针短针完成。

中长针

1
针头挂线，在前一行的针脚里插入钩针。

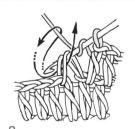
2
针头再次挂线，将线圈拉出至内侧（拉出后的状态叫作"未完成的中长针"）。

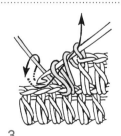
3
针头挂线，一次性引拔穿过3个线圈。

4
1针中长针完成。

长针

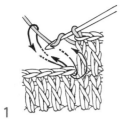

1
针头挂线，在前一行的针脚里插入钩针。再次挂线后拉出至内侧。

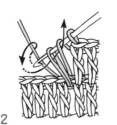

2
如箭头所示，针头挂线后引拔穿过2个线圈（引拔后的状态叫作"未完成的长针"）。

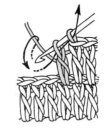

3
针头再次挂线，如箭头所示引拔穿过剩下的2个线圈。

4
1针长针完成。

短针1针分2针

短针1针分3针

1
钩1针短针。

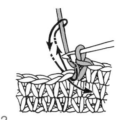

2
在同一个针脚里插入钩针，拉出线圈钩织短针。

3
短针1针分2针完成后的状态，比前一行多了1针。

4
在前一行的同1针里钩入3针短针后的状态，比前一行多了2针。

长针1针分2针

※ 长针以外的符号以及2针以上的情况，也按相同要领，在前一行的同1个针脚里钩织指定针数的指定针法。

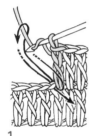

1
在前一行的针脚里钩1针长针，接着针头挂线，如箭头所示在同一个针脚里插入钩针，再将线拉出。

2
针头挂线，引拔穿过2个线圈。

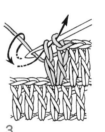

3
针头再次挂线，一次性引拔穿过剩下的2个线圈。

4
在前一行的同1针里钩入2针长针后的状态，比前一行多了1针。

3针锁针的狗牙针

1
钩3针锁针。

2
在短针头部的半针以及根部的1根线里插入钩针。

3
针头挂线，如箭头所示一次性引拔。

4
3针锁针的狗牙针完成。

短针的条纹针

※ 短针以外的条纹针也按相同要领，在前一圈的外侧半针里挑针钩织指定针法。

1
每圈看着正面钩织。钩织1圈短针后，在起始针里引拔。

2
钩1针立起的锁针，接着在前一圈的外侧半针里挑针钩织短针。

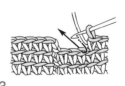

3
按步骤2相同要领继续钩织短针。

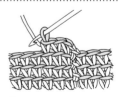

4
前一圈的内侧半针呈现条纹状。图中是钩织第3圈短针的条纹针的状态。

3针长针的枣形针

※3针或长针以外的情况，也按相同要领，在前一行的同1个针脚里钩织指定针数的未完成的指定针法，再如步骤3所示，一次性引拔穿过针上的所有线圈。

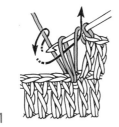

1 在前一行的针脚里钩1针未完成的长针（参照p.78）。

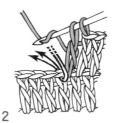

2 在同一个针脚里插入钩针，接着钩2针未完成的长针。

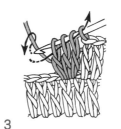

3 针头挂线，一次性引拔穿过针上的4个线圈。

4 3针长针的枣形针完成。

罗纹绳的钩织方法

1 留出所需绳子3倍长度的线头，钩起始针。

2 将预留线头从前往后挂在针上。

3 在针头挂上钩织线引拔。

4 重复步骤2、3，钩织所需针数。结束时无须挂上线头，直接钩织锁针。

刺绣针法

直线绣

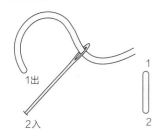

法式结

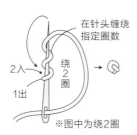

菊叶绣

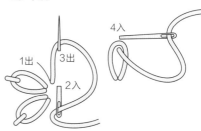

回针绣

轮廓绣

锁链绣

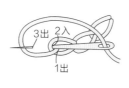

缎绣

卷线玫瑰绣

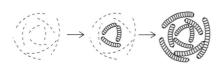

参照p.75的"卷线绣"，如图所示从中心向外依次进行刺绣

日文原版图书工作人员

图书设计　阿部由纪子（Yukiko Abe）
摄影　　　大岛明子（作品）　本间伸彦（步骤详解、线材样品）
造型　　　串尾广枝
作品设计　池上舞　远藤裕美　冈真理子
　　　　　河合真弓　松本薰　沟畑弘美
钩织方法说明　及川真理子　翼
制图　　　小池百合穂　高桥玲子　中村亘
步骤详解协助　河合真弓

原文书名：かぎ針で編む編み込み模様のパターン集
原作者名：E&G CREATED
Copyright © eandgcreates 2021
Original Japanese edition published by E&G CREATES.CO.,LTD.
Chinese simplified character translation rights arranged with E&G CREATES.CO.,LTD.
Through Shinwon Agency Beijing Office.
Chinese simplified character translation rights © 2023 by China Textile & Apparel Press

本书中文简体版经日本E&G创意授权，由中国纺织出版社有限公司独家出版发行。本书内容未经出版者书面许可，不得以任何方式或任何手段复制、转载或刊登。

著作权合同登记号：图字：01-2023-0880

图书在版编目（CIP）数据

钩针编织超可爱提花花样／日本E&G创意编著；蒋幼幼译. -- 北京：中国纺织出版社有限公司，2023.5
ISBN 978-7-5229-0275-3

Ⅰ. ①钩… Ⅱ. ①日… ②蒋… Ⅲ. ①钩针—编织—图集 Ⅳ. ①TS935.521-64

中国版本图书馆CIP数据核字（2022）第254246号

责任编辑：刘茸　　　特约编辑：周蓓
责任校对：楼旭红　　　责任印制：王艳丽

中国纺织出版社有限公司出版发行
地址：北京市朝阳区百子湾东里A407号楼　邮政编码：100124
销售电话：010—67004422　传真：010—87155801
http://www.c-textilep.com
中国纺织出版社天猫旗舰店
官方微博 http://weibo.com/2119887771
北京华联印刷有限公司印刷　各地新华书店经销
2023年5月第1版第1次印刷
开本：787×1092　1/16　印张：5
字数：112千字　定价：59.80元

凡购本书，如有缺页、倒页、脱页，由本社图书营销中心调换